新工科建设之路·电子信息类系列教材

单片机应用与实践教程

翟临博　杨　峰　张宝译　编著

電子工業出版社
Publishing House of Electronics Industry
北京·BEIJING

内 容 简 介

本书通过LED灯设计、中断实验设计、串口通信设计、定时器中断与输出设计、总线通信设计等具体应用，介绍单片机端口与数据之间的关系，程序和电路的工作过程，程序的编辑、编译、下载、调试方法，以及中断、定时/计数器、串行通信等内部资源的应用设计方法。

本书深入浅出，实例丰富，通俗易懂，可操作性强，特别适合作为普通高等院校自动化、计算机、电子信息等专业的教材，也可作为广大科技人员的参考用书。

图书在版编目（CIP）数据

单片机应用与实践教程/翟临博，杨峰，张宝译编著. —北京：电子工业出版社，2021.10

ISBN 978-7-121-42221-8

Ⅰ. ①单… Ⅱ. ①翟… ②杨… ③张… Ⅲ. ①单片微型计算机－高等学校－教材

Ⅳ. ①TP368.1

中国版本图书馆CIP数据核字（2021）第207729号

责任编辑：孟　宇
印　　刷：三河市兴达印务有限公司
装　　订：三河市兴达印务有限公司
出版发行：电子工业出版社
　　　　　北京市海淀区万寿路173信箱　　邮编：100036
开　　本：787×1 092　1/16　印张：9　　字数：230千字
版　　次：2021年10月第1版
印　　次：2021年10月第1次印刷
定　　价：49.80元

凡所购买电子工业出版社图书有缺损问题，请向购买书店调换。若书店售缺，请与本社发行部联系，联系及邮购电话：（010）88254888，88258888。

质量投诉请发邮件至zlts@phei.com.cn，盗版侵权举报请发邮件至dbqq@phei.com.cn。

本书咨询联系方式：mengyu@phei.com.cn。

前　　言

随着电子技术的日益发展，微型计算机向高性能的64位微型计算机和适用于测控的单片机两个方向迅速发展。单片机是指在一块芯片上集成有CPU、ROM（或EPROM）、RAM、并行和串行I/O接口以及定时器/计数器等多种功能部件的微型计算机，这种微型计算机也可称为微控制器。它具有集成度高，可靠性高，性能价格比高，适应温度范围宽，抗干扰能力强，小巧、灵活，易于实现机电一体化等优点，现已广泛应用于检测、控制、智能化仪器仪表及生产设备自动化、家用电器等领域。

本书以STM32单片机为例，介绍单片机应用的基本知识，注重实用性、系统性、先进性，使读者能够轻松地学习单片机的基本原理。本书不仅提供了大量实用电路，还提供了大量实用程序，便于读者学习和引用。本书主要内容包括传感采集控制、通信网络设计和系统应用实现等综合性强、开发性强、创新性突出的综合实验。采用的实验平台硬件资源丰富，包括电子信息类专业涉及的所有硬件资源。各硬件模块的控制总线是对读者开放的，读者可以自行设计、组合硬件单元模块，如构成实际传感器监控系统、有线/无线通信系统、物联网系统。

本书既能满足物联网类实验、通信设计类实验及电子技术开发设计类实验的要求，又能满足电子信息类专业的本科生参加电子竞赛实训、课程设计和毕业设计的要求。

限于编者水平，本书中难免有疏漏之处，恳请广大读者批评指正。

编者

2021年7月

目　录

实验 1　STM32-GPIO 应用实验 01

1.1　实验要求

利用新大陆 M3 主控模块上的 LED1～LED8，实现跑马灯效果。

1.2　实验器材

① 新大陆 M3 主控模块。
② ST-LINK 下载器。

1.3　实验内容

① 利用 HAL 库实现对 GPIO 输出的控制。
② 实现 LED1～LED8 循环点亮功能。

1.4　实验目的

① 理解 STM32 的 GPIO。
② 掌握 STM32 的 GPIO 相关寄存器的功能。
③ 掌握 GPIO 的配置流程。
④ 熟悉 Keil MDK 开发环境。
⑤ 熟悉 STM32 的 GPIO 资源。
⑥ 掌握利用 HAL 库对 STM32 进行编程的方法。

1.5　实验原理

1.5.1　硬件连接

开发板硬件图如图 1-1 所示，芯片引脚连接图如图 1-2 所示。

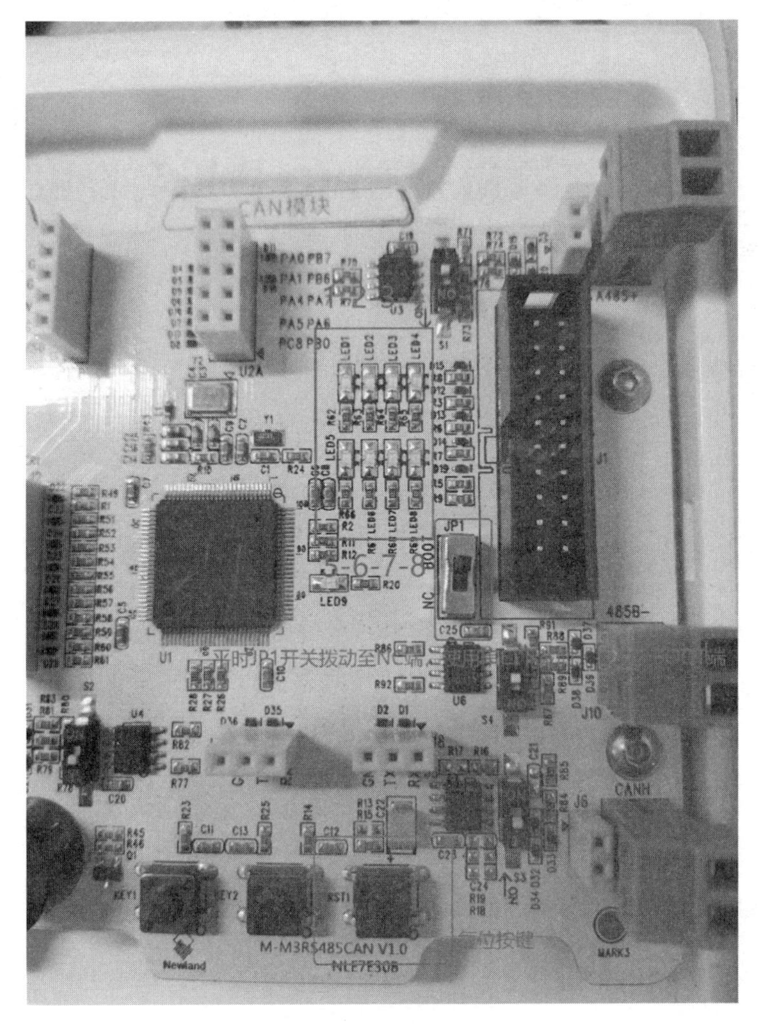

图 1-1　开发板硬件图

芯片引脚	LED	网络	电阻	1	2	阻值
PE7_LCD_DB4	LED1	LED_G	R62	1	2	1K
PE6_GPIO	LED2	LED_G	R63	1	2	1K
PE5_GPIO	LED3	LED_G	R64	1	2	1K
PE4_GPIO	LED4	LED_G	R65	1	2	1K
PE3_TP_SO	LED5	LED_G	R66	1	2	1K
PE2_TP_SI	LED6	LED_G	R67	1	2	1K
PE1_TP_CLK	LED7	LED_G	R68	1	2	1K
PE0_TP_CS	LED8	LED_G	R69	1	2	1K

V33

图 1-2　芯片引脚连接图

图 1-2 中，LED1 对应的芯片引脚是 PE7，LED2 对应的芯片引脚是 PE6，LED3 对应的芯片引脚是 PE5，LED4 对应的芯片引脚是 PE4，LED5 对应的芯片引脚是 PE3，LED6 对应的芯片引脚是 PE2，LED7 对应的芯片引脚是 PE1，LED8 对应的芯片引脚是 PE0。

如果需要点亮某个 LED 灯，则需要对应的端口引脚置低位，输出低电平。相反，若需要熄灭某个 LED 灯，则需要将对应的端口引脚置高位，输出高电平。表 1-1 是 LED 灯和芯片引脚对应表。

表 1-1　LED 灯和芯片引脚对应表

LED 灯	芯片引脚	熄灭 LED 灯	点亮 LED 灯
LED1	PE7	置高位	置低位
LED2	PE6	置高位	置低位
LED3	PE5	置高位	置低位
LED4	PE4	置高位	置低位
LED5	PE3	置高位	置低位
LED6	PE2	置高位	置低位
LED7	PE1	置高位	置低位
LED8	PE0	置高位	置低位

1.5.2　GPIO 功能概述

1.5.2.1　GPIO 的电路结构

图 1-3 是 GPIO 的基本结构。

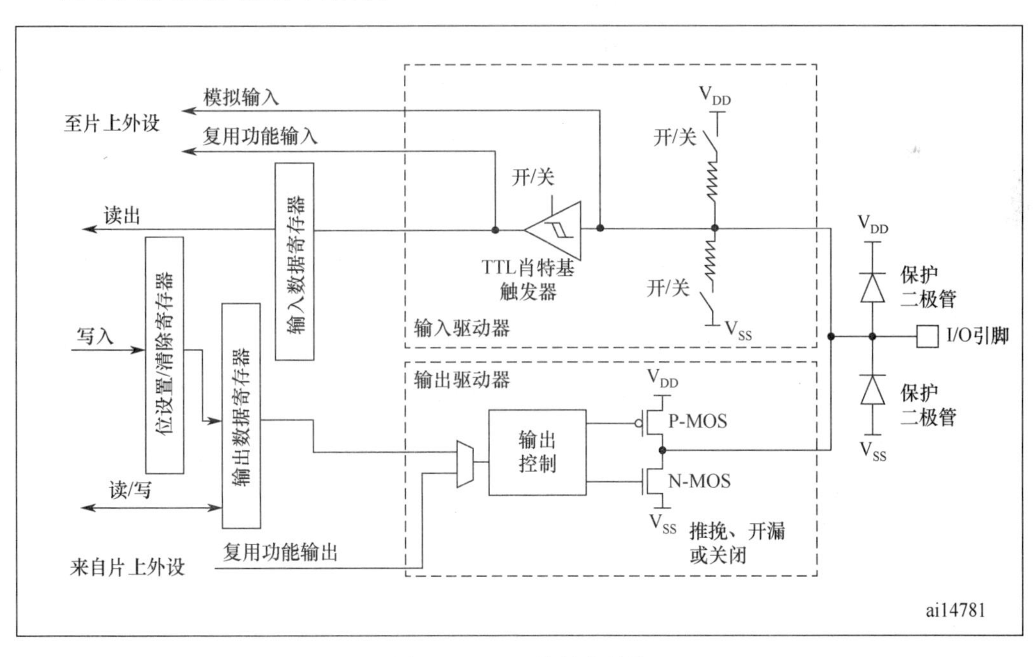

图 1-3　GPIO 的基本结构

GPIO 可由软件配置成以下 8 种模式。

① 输入浮空。

② 输入上拉。

③ 输入下拉。

④ 模拟输入。

⑤ 推挽输出。

⑥ 开漏输出。

⑦ 复用推挽。

⑧ 复用开漏。

1.5.2.2 GPIO 寄存器

STM32 的每个 GPIO 都由 7 个寄存器来控制，它们分别是 2 个端口配置寄存器，1 个端口输入数据寄存器，1 个端口输出数据寄存器，1 个端口位设置/清除寄存器，1 个端口位清除寄存器，1 个端口配置锁定寄存器。

GPIO 寄存器表如表 1-2 所示。

表 1-2 GPIO 寄存器表

端口配置低寄存器（GPIOx_CRL）
端口配置高寄存器（GPIOx_CRH）
端口输入数据寄存器（GPIOx_IDR）
端口输出数据寄存器（GPIOx_ODR）
端口位设置/清除寄存器（GPIOx_BSRR）
端口位清除寄存器（GPIOx_BRR）
端口配置锁定寄存器（GPIOx_LCKR）

具体寄存器定义及各位的功能，请查阅《STM32F10xxx 参考手册》（见二维码）。

1.5.2.3 HAL 库函数

ST 公司提供的 HAL 库中，与 GPIO 配置及使用有关的函数在“stm32f1xx_hal_gpio.c”和“stm32f1xx_hal_gpio.h”中。其中，包括初始化和反初始化函数。

```
HAL_GPIO_Init();
HAL_GPIO_DeInit();
```

GPIO 操作函数。

```
HAL_GPIO_ReadPin(in);
HAL_GPIO_WritePin();
HAL_GPIO_TogglePin();
HAL_GPIO_LockPin();
HAL_GPIO_EXTI_IRQHandler();
HAL_GPIO_EXTI_Callback();
```

函数的具体定义与功能，请参考函数定义处源码说明。

1.6　实验步骤

1.6.1　添加公共代码到工程

将“单片机应用开发资源包\实验工程（代码）（见二维码）”下面名为 mdktemplate 的工程文件夹复制到所需位置（可自定义），并重新命名该文件夹为 model01（可自定义）。

将“单片机应用开发资源包\实验工程（代码）\PRIVATE”文件夹复制到 model01 文件夹下，复制文件如图 1-4 所示。

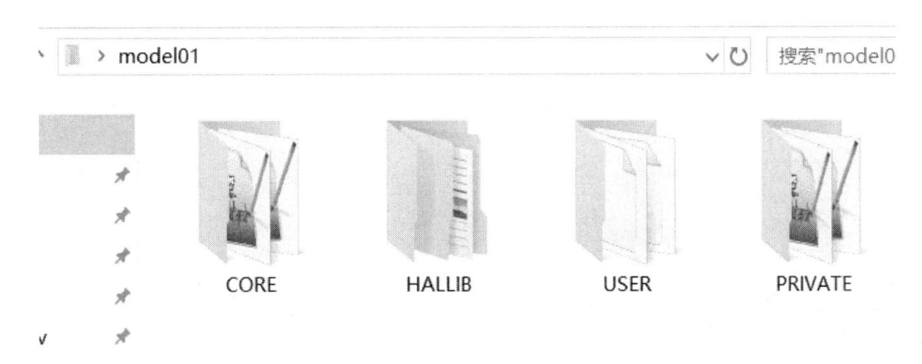

图 1-4　复制文件

打开 model01 工程，并将 PRIVATE 文件夹内的 delay.h，delay.c，sys.c，sys.h，usart.c，usart.h 6 个文件均添加到工程中，如图 1-5 所示。

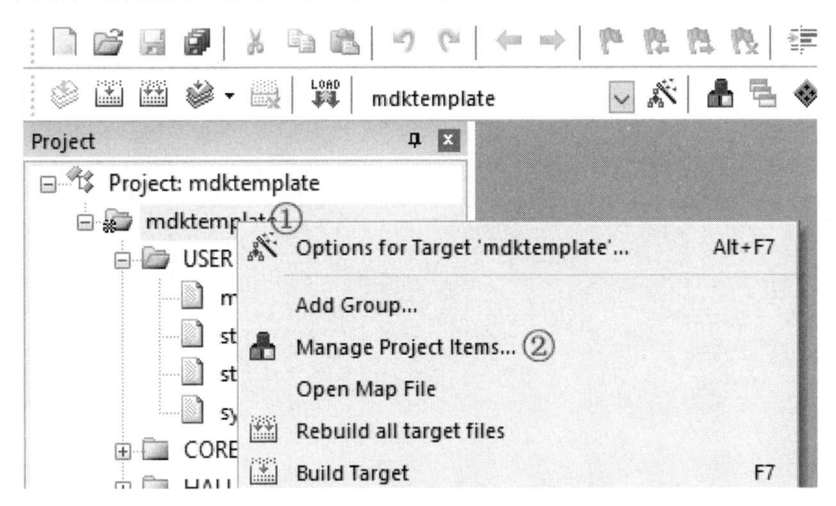

图 1-5　打开“Manage Project Items”

单击图 1-5 中的①处，选中后单击右键打开菜单，单击“Manage Project Items…”选项。添加工程如图 1-6 所示。

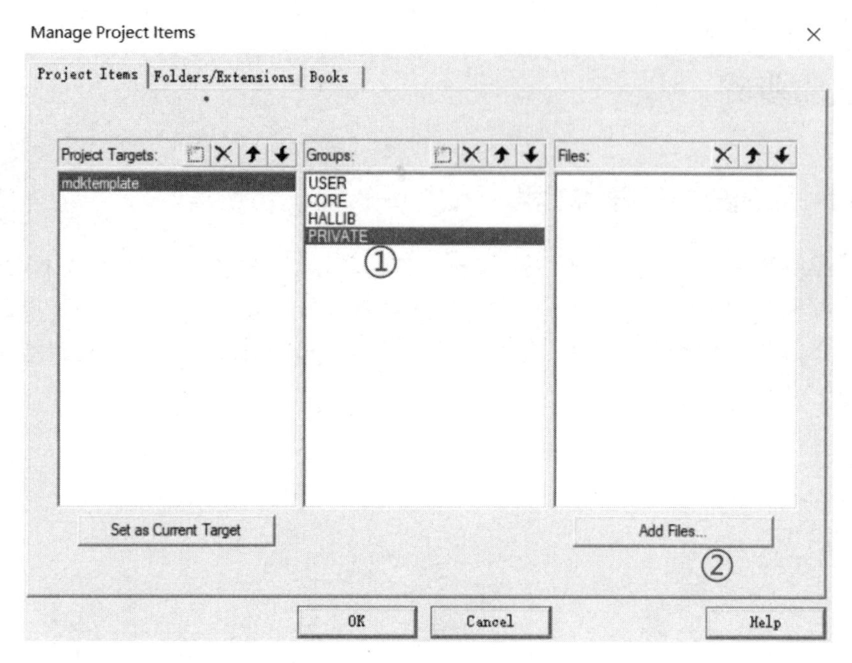

图 1-6　添加工程

在图 1-6 中，在“Groups”栏中，单击选中“PRIVATE”选项（图 1-6 中的①处），再单击右下方的“Add Files...”按钮（图 1-6 中的②处），将工程目录 PRIVATE 文件夹下的 delay.c，sys.c，usart.c 文件均添加到工程中。

添加完毕后，将 PRIVATE 文件夹添加到系统头文件路径下。

单击图 1-7 箭头所指示的“工程选项设置”按钮，对工程选项进行设置。

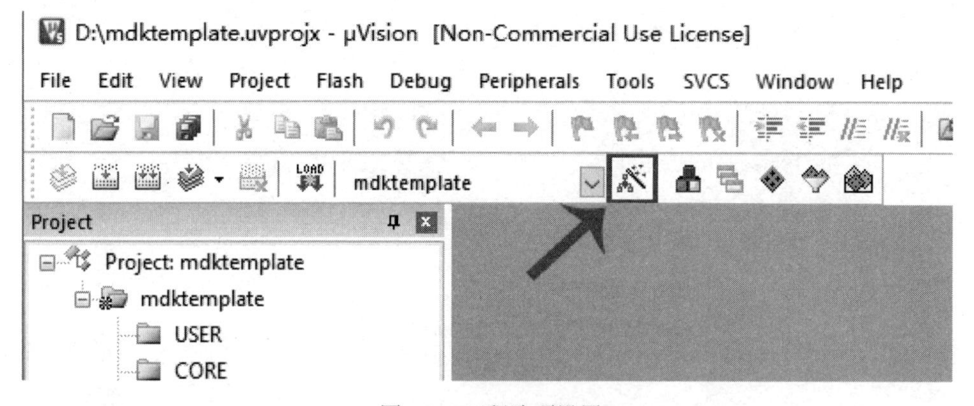

图 1-7　工程选项设置

弹出“工程选项设置”界面后，选择“C/C++”选项卡（图 1-8 中的①处），之后在下方头文件路径列表框“Include Paths”右侧，单击图 1-8 中②处的按钮，弹出新对话框添加路径，如图 1-9 所示。添加工程目录下的 PRIVATE 文件夹为头文件路径。添加完毕后单击“OK”按钮。

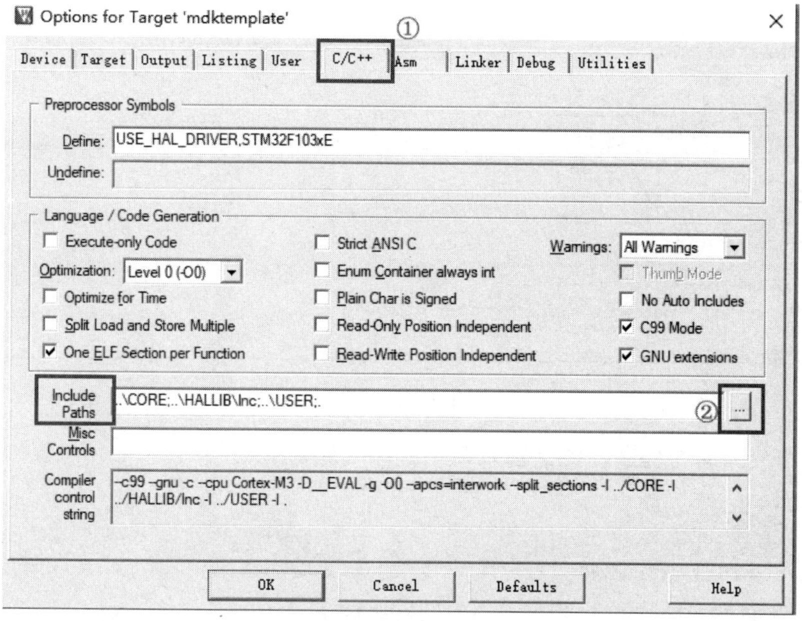

图 1-8　路径选择

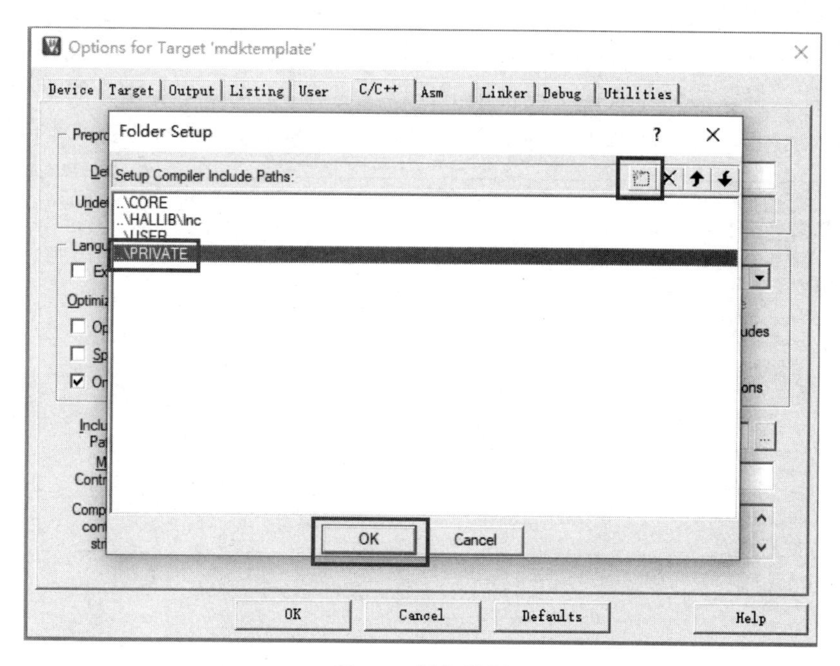

图 1-9　添加路径

1.6.2　编写代码

单击“新建文件”按钮（图 1-10 中的①处），右侧编辑主界面出现“Text1”空白界面（图 1-10 中的②处）。

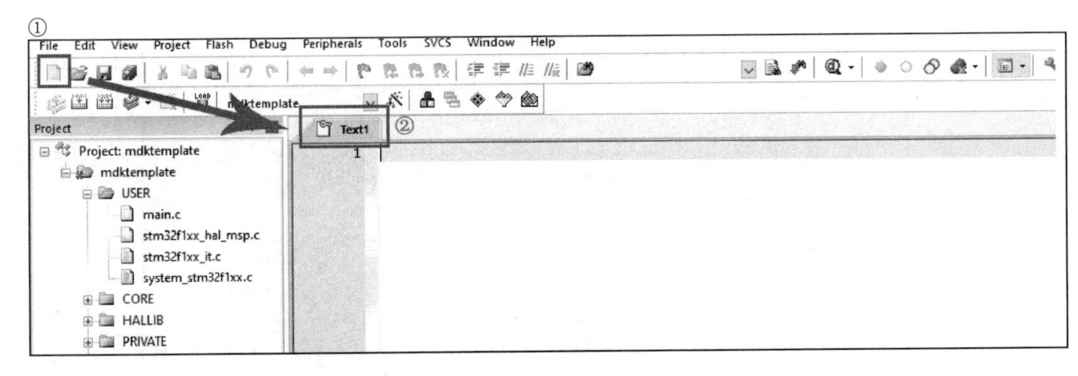

图 1-10　新建文件

在空白界面编写程序，此处输入以下程序代码。

```
#ifndef __LED_H
#define __LED_H
#include "stm32f1xx_hal.h"
#include "stm32f1xx.h"
void LED_Init(void);
#endif
```

输入代码后，单击“保存”按钮（图 1-11 中的①处），选取保存该文件的目录，并命名该文件。将该文件存放在工程目录下，新建名为“HARDWARE”的文件夹（新建的 HARDWARE 文件夹如图 1-12 所示），并将此文件命名为“led.h”（见图 1-13）。

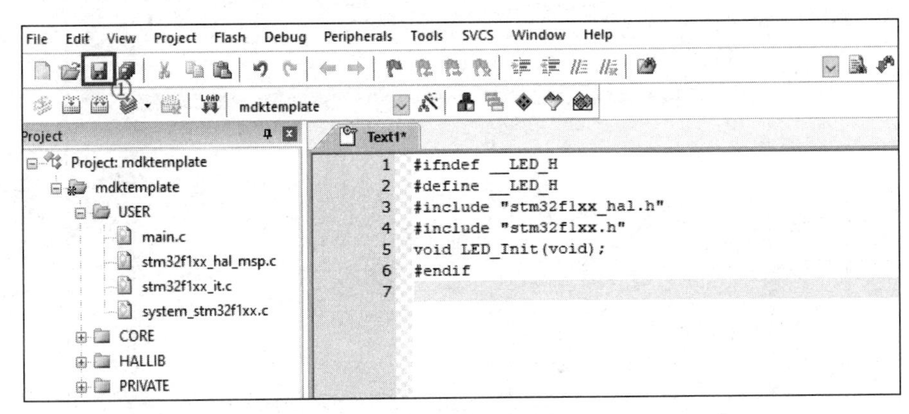

图 1-11　保存文件

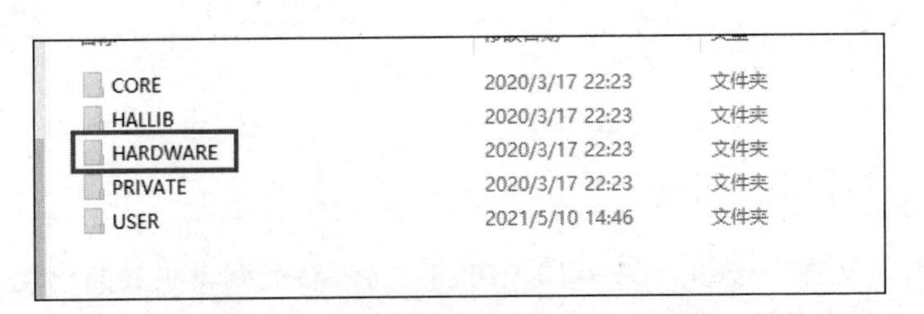

图 1-12　新建的 HARDWARE 文件夹

图 1-13　文件命名

用同样的方法新建一个文件，输入以下代码，将其保存到 HARDWARE 文件夹中，并命名为 led.c。

```
#include "led.h"

void LED_Init(void)
{
    __HAL_RCC_GPIOE_CLK_ENABLE();    //开启 GPIOE 时钟
    GPIO_InitTypeDef GPIO_Initure;
    GPIO_Initure.Pin= GPIO_PIN_0|GPIO_PIN_1|GPIO_PIN_2|GPIO_PIN_3\
                      |GPIO_PIN_4|GPIO_PIN_5|GPIO_PIN_6|GPIO_PIN_7;
    GPIO_Initure.Mode = GPIO_MODE_OUTPUT_PP;
    GPIO_Initure.Speed = GPIO_SPEED_FREQ_HIGH;
    HAL_GPIO_Init(GPIOE,&GPIO_Initure);

    HAL_GPIO_WritePin(GPIOE,GPIO_PIN_0,GPIO_PIN_SET);
    HAL_GPIO_WritePin(GPIOE,GPIO_PIN_1,GPIO_PIN_SET);
    HAL_GPIO_WritePin(GPIOE,GPIO_PIN_2,GPIO_PIN_SET);
    HAL_GPIO_WritePin(GPIOE,GPIO_PIN_3,GPIO_PIN_SET);
    HAL_GPIO_WritePin(GPIOE,GPIO_PIN_4,GPIO_PIN_SET);
    HAL_GPIO_WritePin(GPIOE,GPIO_PIN_5,GPIO_PIN_SET);
    HAL_GPIO_WritePin(GPIOE,GPIO_PIN_6,GPIO_PIN_SET);
    HAL_GPIO_WritePin(GPIOE,GPIO_PIN_7,GPIO_PIN_SET);
}
```

打开 main.c 函数，在第 21 行#include "main.h"下方添加 #include "led.h"和#include "delay.h"，并将 main 函数中的函数更改为以下内容。

```
HAL_Init();
  SystemClock_Config();
delay_init(72);
LED_Init();

  while (1)
  {
```

```
        HAL_GPIO_WritePin(GPIOE,GPIO_PIN_7,GPIO_PIN_RESET);     //LED1亮
        delay_ms(100);
        HAL_GPIO_WritePin(GPIOE,GPIO_PIN_7,GPIO_PIN_SET);       //LED1灭

        HAL_GPIO_WritePin(GPIOE,GPIO_PIN_6,GPIO_PIN_RESET);     //LED2亮
        delay_ms(100);
        HAL_GPIO_WritePin(GPIOE,GPIO_PIN_6,GPIO_PIN_SET);       //LED2灭

        HAL_GPIO_WritePin(GPIOE,GPIO_PIN_5,GPIO_PIN_RESET);     //LED3亮
        delay_ms(100);
        HAL_GPIO_WritePin(GPIOE,GPIO_PIN_5,GPIO_PIN_SET);       //LED3灭

        HAL_GPIO_WritePin(GPIOE,GPIO_PIN_4,GPIO_PIN_RESET);     //LED4亮
        delay_ms(100);
        HAL_GPIO_WritePin(GPIOE,GPIO_PIN_4,GPIO_PIN_SET);       //LED4灭

        HAL_GPIO_WritePin(GPIOE,GPIO_PIN_3,GPIO_PIN_RESET);     //LED5亮
        delay_ms(100);
        HAL_GPIO_WritePin(GPIOE,GPIO_PIN_3,GPIO_PIN_SET);       //LED5灭

        HAL_GPIO_WritePin(GPIOE,GPIO_PIN_2,GPIO_PIN_RESET);     //LED6亮
        delay_ms(100);
        HAL_GPIO_WritePin(GPIOE,GPIO_PIN_2,GPIO_PIN_SET);       //LED6灭

        HAL_GPIO_WritePin(GPIOE,GPIO_PIN_1,GPIO_PIN_RESET);     //LED7亮
        delay_ms(100);
        HAL_GPIO_WritePin(GPIOE,GPIO_PIN_1,GPIO_PIN_SET);       //LED7灭

        HAL_GPIO_WritePin(GPIOE,GPIO_PIN_0,GPIO_PIN_RESET);     //LED8亮
        delay_ms(100);
        HAL_GPIO_WritePin(GPIOE,GPIO_PIN_0,GPIO_PIN_SET);       //LED8灭
}
```

1.6.3 编译代码

编写完代码后，保存所有文件。编译代码如图1-14所示，单击“编译”按钮（图1-14中的①处），对代码进行编译。等待下方“Build Output”窗口的编译结果，若显示0个错误、0个警告才可以（图1-14中的②处），则说明工程代码没有问题。

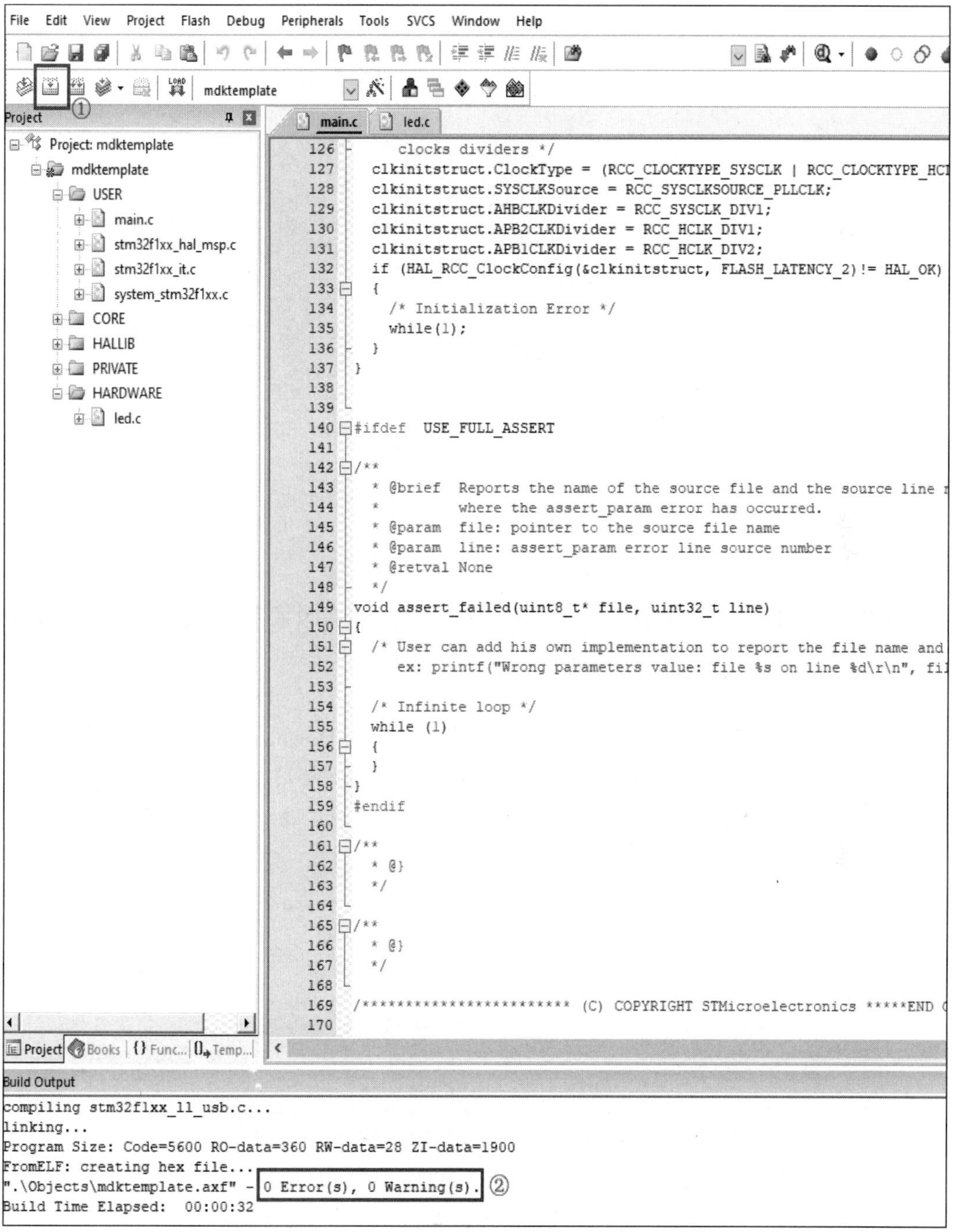

```
126      clocks dividers */
127    clkinitstruct.ClockType = (RCC_CLOCKTYPE_SYSCLK | RCC_CLOCKTYPE_HCI
128    clkinitstruct.SYSCLKSource = RCC_SYSCLKSOURCE_PLLCLK;
129    clkinitstruct.AHBCLKDivider = RCC_SYSCLK_DIV1;
130    clkinitstruct.APB2CLKDivider = RCC_HCLK_DIV1;
131    clkinitstruct.APB1CLKDivider = RCC_HCLK_DIV2;
132    if (HAL_RCC_ClockConfig(&clkinitstruct, FLASH_LATENCY_2)!= HAL_OK)
133    {
134      /* Initialization Error */
135      while(1);
136    }
137  }
138
139
140  #ifdef  USE_FULL_ASSERT
141
142  /**
143    * @brief  Reports the name of the source file and the source line r
144    *         where the assert_param error has occurred.
145    * @param  file: pointer to the source file name
146    * @param  line: assert_param error line source number
147    * @retval None
148    */
149  void assert_failed(uint8_t* file, uint32_t line)
150  {
151    /* User can add his own implementation to report the file name and
152       ex: printf("Wrong parameters value: file %s on line %d\r\n", fi
153
154    /* Infinite loop */
155    while (1)
156    {
157    }
158  }
159  #endif
160
161  /**
162    * @}
163    */
164
165  /**
166    * @}
167    */
168
169  /************************* (C) COPYRIGHT STMicroelectronics *****END (
170
```

Build Output

```
compiling stm32f1xx_ll_usb.c...
linking...
Program Size: Code=5600 RO-data=360 RW-data=28 ZI-data=1900
FromELF: creating hex file...
".\Objects\mdktemplate.axf" - 0 Error(s), 0 Warning(s). ②
Build Time Elapsed:  00:00:32
```

图 1-14　编译代码

1.6.4　下载验证

编译通过后，将代码下载至开发板，观察实验结果。实验结果如表 1-3 所示。

表 1-3　实验结果

实验效果图	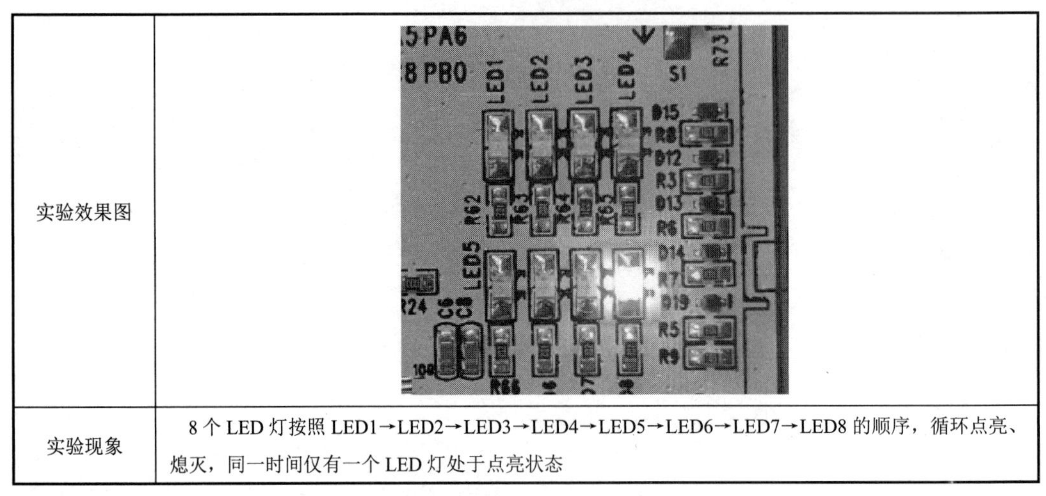
实验现象	8 个 LED 灯按照 LED1→LED2→LED3→LED4→LED5→LED6→LED7→LED8 的顺序，循环点亮、熄灭，同一时间仅有一个 LED 灯处于点亮状态

下面介绍三种将程序下载至开发板的方法。

方法一：MDK 软件直接使用 ST-LINK 下载代码

首先检查 MDK 软件配置，单击图 1-7 中的“工程选项设置”按钮，MDK 软件设置如图 1-15 所示，在弹出的对话框中选择“Debug”选项卡（图 1-15 中的①处），之后在“use”下拉列表中选择”ST-Link Debugger”选项（图 1-15 中的②和③处），并单击“Setting”按钮（图 1-15 中的④处），在弹出的新对话框中单击“Flash Download”选项卡（图 1-16 中的①处），并按照图 1-16 中②处的内容进行工程设置。设置完毕后单击“确定”按钮（图 1-16 中的③处），再单击图 1-15 中的“OK”按钮（图 1-15 中的⑤处）。

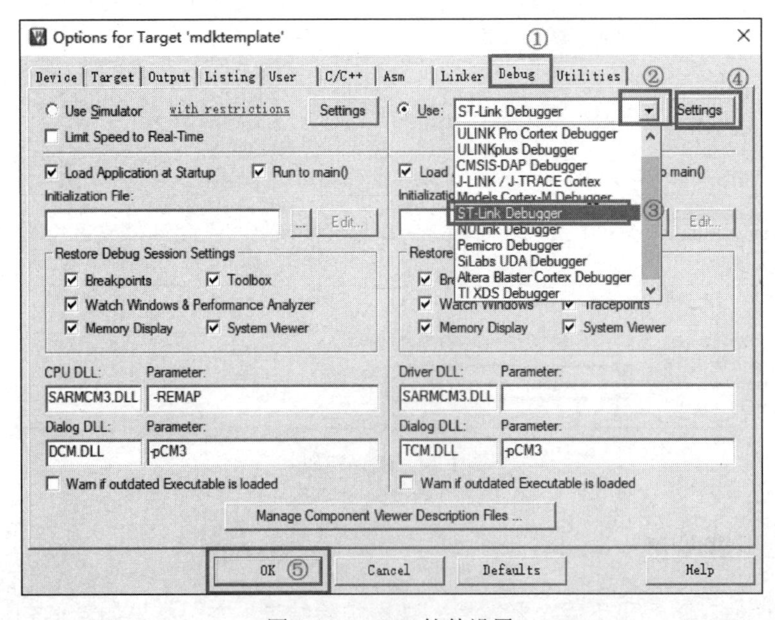

图 1-15　MDK 软件设置

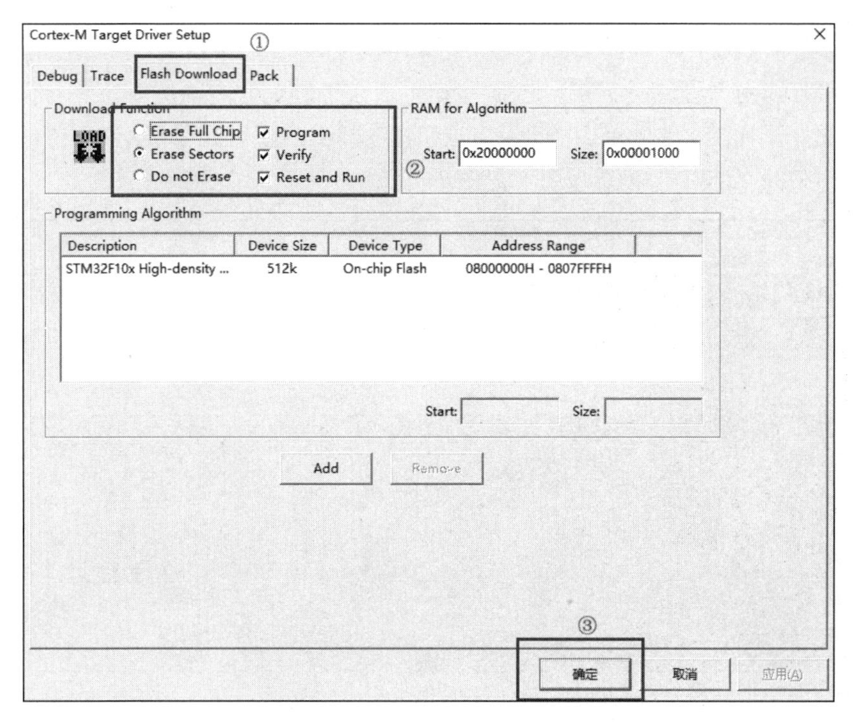

图 1-16　Flash Download 设置

将 ST-LINK 工具一端连接至计算机，另一端连接至开发板，单击“下载（LOAD)”按钮（图 1-17 中的①处），就可以将程序下载到开发板上。

图 1-17　程序下载到开发板

方法二：利用 ST-LINK 下载 hex 文件

将开发板通过 ST-LINK 连接至计算机后，计算机端打开 STM32 ST-LINK Utility 软件，其图标如图 1-18 所示。

图 1-18　STM32 ST-LINK Utility 软件图标

打开软件后，软件主界面如图 1-19 所示，其中①为“连接设备”按钮，②为“取消连接”按钮，③为“程序（下载）选择”按钮，④为“设置”按钮。

第一次打开软件，首先单击“设置”按钮，在弹出的新对话框中，单击“Connection settings”栏中的“SWD”单选按钮（见图 1-20），最后单击“OK”按钮。

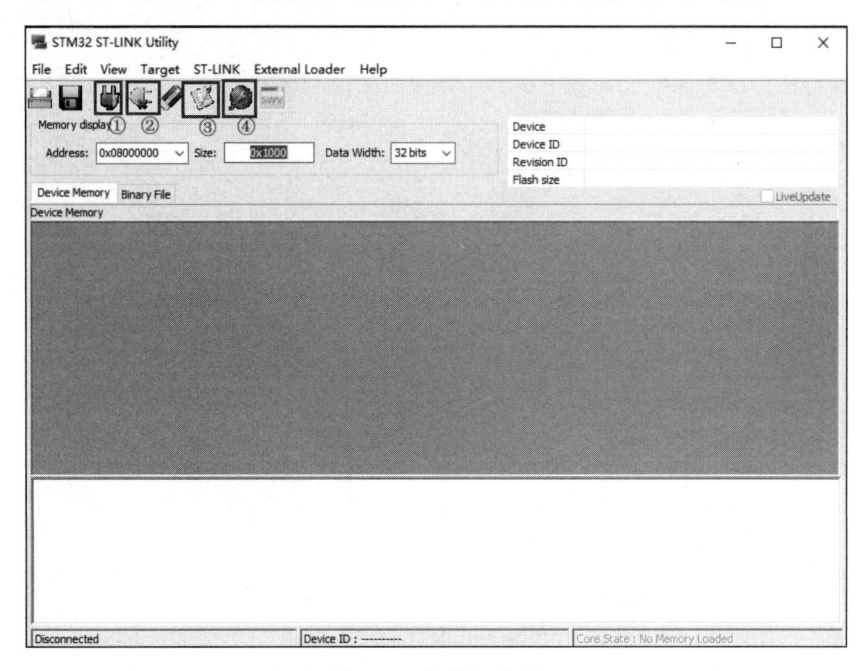

图 1-19　软件主界面

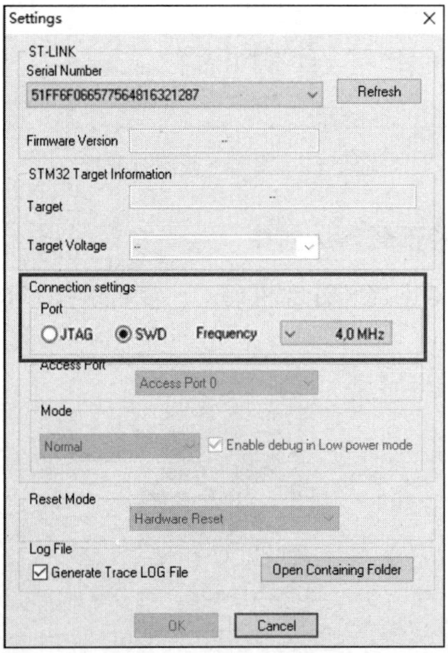

图 1-20　“SWD”模式

单击图 1-19 中的“连接设备”按钮，连接成功后，软件会识别开发板上的 STM32 芯片并显示设备信息，如图 1-21 所示。若未连接设备，则会显示错误信息，如图 1-22 所示。

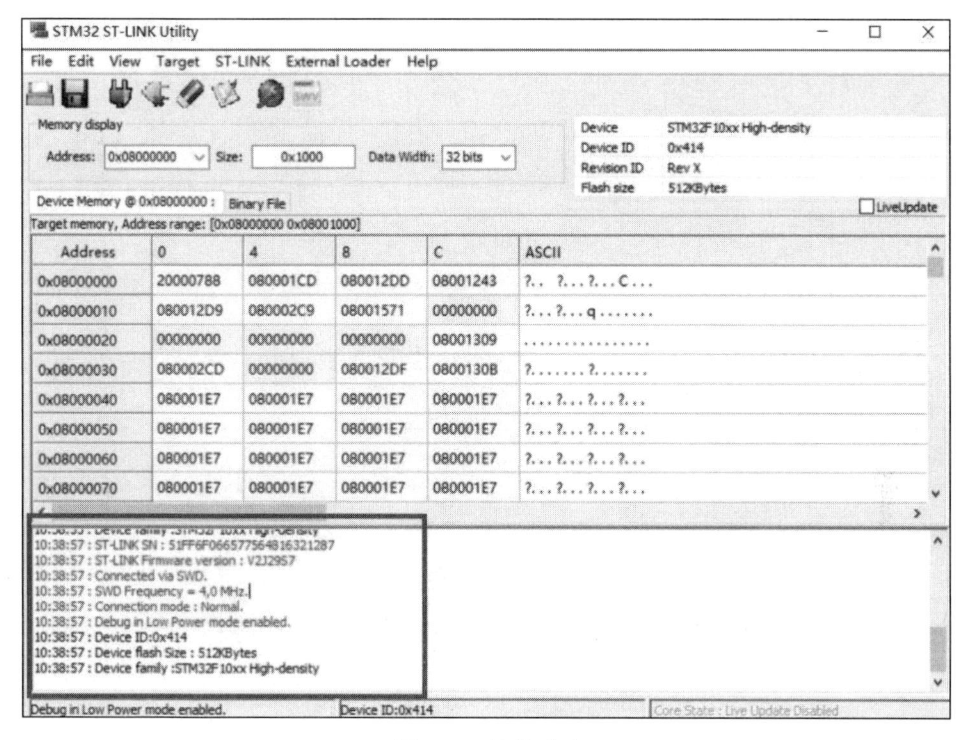

图 1-21　连接成功

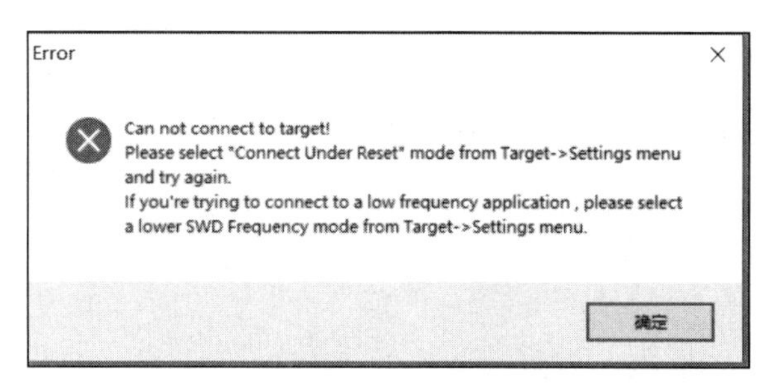

图 1-22　显示错误信息

本例中，系统生成的程序文件默认存放在工程文件夹\USER\Objects 中，文件后缀是.hex。若在文件夹中找不到 hex 文件，则需要打开“工程设置”对话框，如图 1-23 所示，单击“Output”选项卡，勾选“Create HEX File”复选框，然后单击“OK”按钮。设置完毕后，重新编译程序，即可在 Objects 文件夹中找到名为“mdktemplate.hex”的文件。

正常连接后，选择需要下载的程序文件。选中程序后，会弹出“程序下载”对话框，如图 1-24 所示，单击窗口最下方的“Start”按钮，软件就会将程序下载到连接的开发板芯片上。

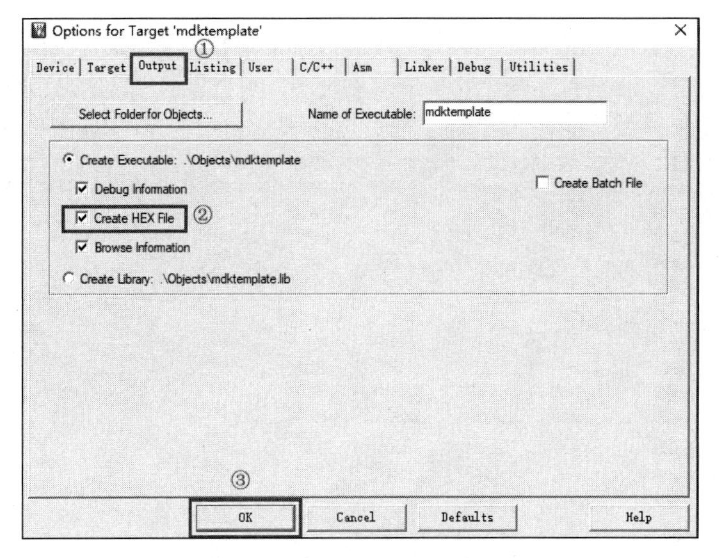

图 1-23 “工程设置”对话框

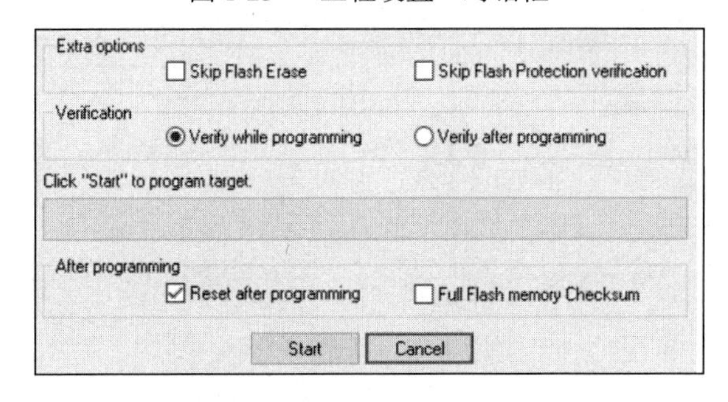

图 1-24 “程序下载”对话框

方法三：利用串口下载工具下载 hex 文件

利用 USB 转串口线连接计算机和开发板，从计算机设备管理器中查看端口号为 COM6 的设备，设备管理器如图 1-25 所示。（注意，每个设备不同，其设备的端口号也不一定是 COM6。）

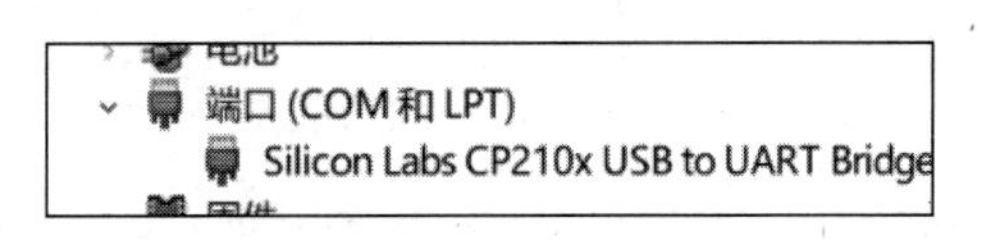

图 1-25 设备管理器

在计算机端打开软件“STMFlashLoader Demo”，其软件图标如图 1-26 所示。

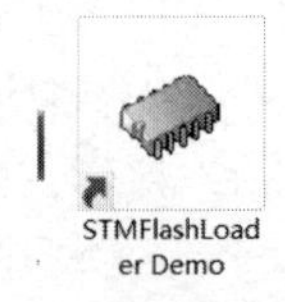

图 1-26 软件图标

在弹出的对话框中，根据实际情况选择端口号（此处选择 COM6），单击“Next”按钮。注意，波特率选择为 115200，选择偶校验为 Even，其软件界面如图 1-27 所示。若不能打开端口或者未显示端口，则需要检查开发板是否正确连接至计算机，开发板上 JP1 开关是否拨至 BOOT 端，检查完毕后，重新按开发板下方的 RST1（复位）按键再试。

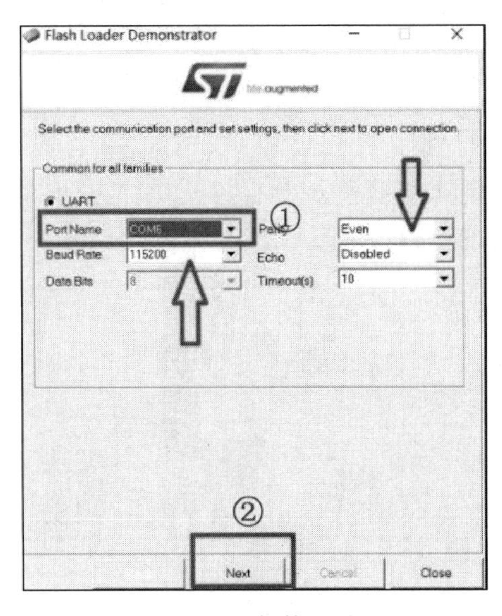

图 1-27　软件界面

然后软件界面变为如图 1-28 所示的界面，继续单击“Next”按钮。

图 1-28　软件界面

然后，软件界面变为如图 1-29 所示的界面，继续单击 “Next”按钮。

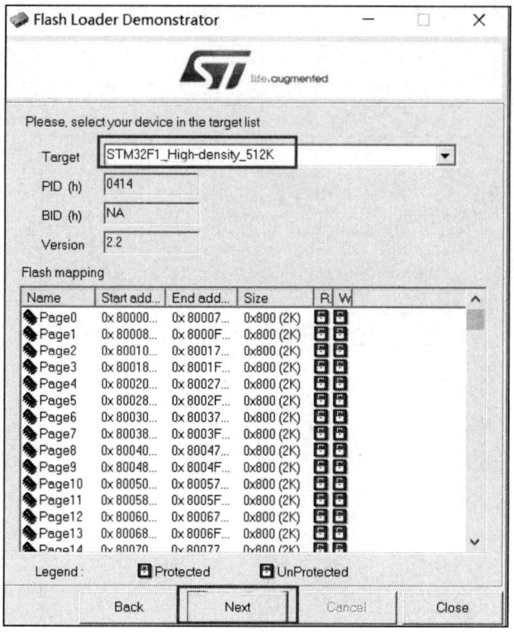

图 1-29　软件界面

在如图 1-30 所示的“下载驱动选择”界面中，选中①处的“Download to device”单选按钮，然后单击②处的下拉列表，选择需要下载的 hex 文件，最后单击③处的“Next”按钮，继续下一步。

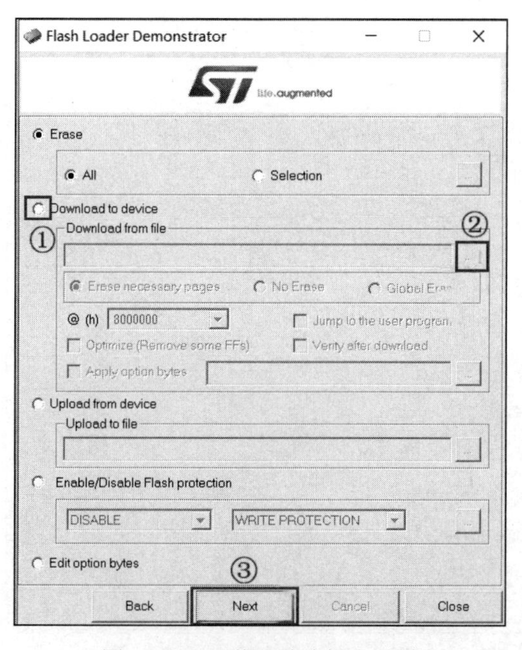

图 1-30　“下载驱动选择”界面

进行了上述操作后，软件会对程序进行下载，并显示如图 1-31 所示的下载成功界面，该界面下方①处的框内是下载进度条，若下载成功，则会提示“Download operation finished successfully”。单击②处的“Close”按钮，关闭该界面。

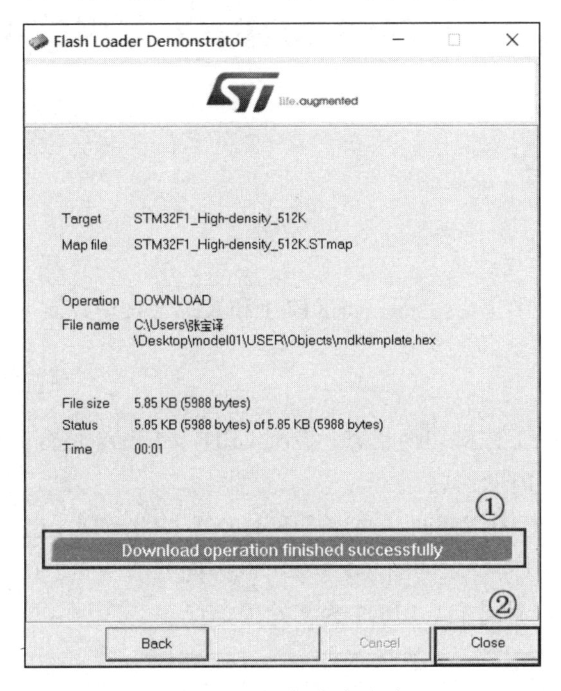

图 1-31　下载成功界面

将开发板 JP1 开关拨至 NC，重新上电或者按下开发板底部的 RST1 按钮后，即可观察程序运行情况。

1.7　拓展提高

① 实现类似本实验的跑马灯效果，但是 LED 灯循环点亮的顺序为 LED1→LED2→LED3→LED4→LED8→LED7→LED6→LED5 再返回至 LED1，如此循环，且每盏灯点亮的时间均为 200ms。

② 若在 main 函数的主循环中编写控制 LED 灯的代码，则会占用 main 函数主循环内很多空间，要求利用调用函数的方式，将控制灯的逻辑封装成函数存放在 led.c 中。在 main 函数中调用相关函数，实现实验 1 的功能。

实验 2　STM32-GPIO 应用实验 02

2.1　实验要求

利用新大陆 M3 主控模块上的按键 KEY1 和 KEY2 实现控制 LED 灯是否闪烁和闪烁方向的功能。

具体要求如下。

① 通过按下 KEY1 按键切换状态，控制 LED1～LED8 是否闪烁。（其中，KEY1 按键为控制 8 个 LED 灯闪烁的总开关）。

② 在允许 LED 灯闪烁期间，通过按下 KEY2 按键实现 LED 灯在闪烁方向 1 和 2 之间进行切换。闪烁方向要求如图 2-1（顺时针方向）和图 2-2（逆时针方向）所示。

闪烁方向 1：顺时针方向，LED1 为初始闪烁灯。

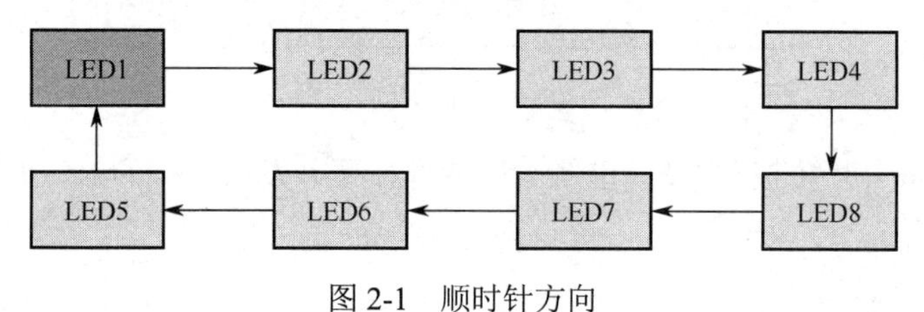

图 2-1　顺时针方向

闪烁方向 2：逆时针方向，LED1 为初始闪烁灯。

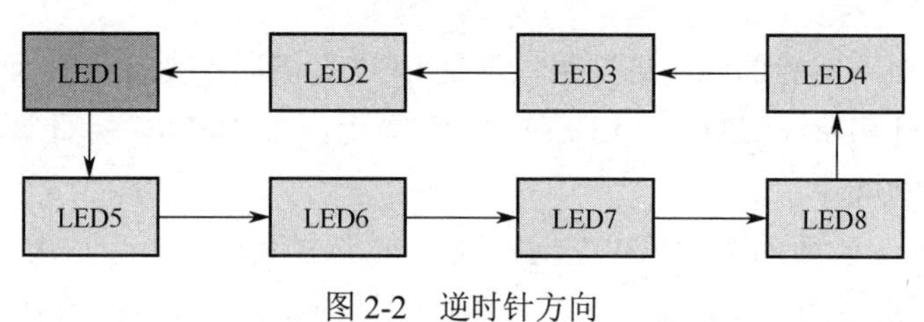

图 2-2　逆时针方向

2.2　实验器材

① 新大陆 M3 主控模块。

② ST-LINK 下载器。

2.3　实验内容

① 利用 HAL 库实现 GPIO 的输入功能。

② 学习读取按键状态，并理解按键消抖。

③ 利用按键控制 LED 灯的点亮/熄灭和闪烁方向。

2.4　实验目的

① 了解 STM32F1 的 GPIO 作为输入口的使用方法。

② 理解函数封装的作用。

③ 学会使用程序流程图一步步地分析问题、解决问题。

2.5　实验原理

2.5.1　硬件连接

图 2-3 是 KEY1 按键的电路图，该按键的一端与低电平连接，另一端与 PC13 引脚相连，当按键按下（闭合）后，PC13 会检测到输入低电平。

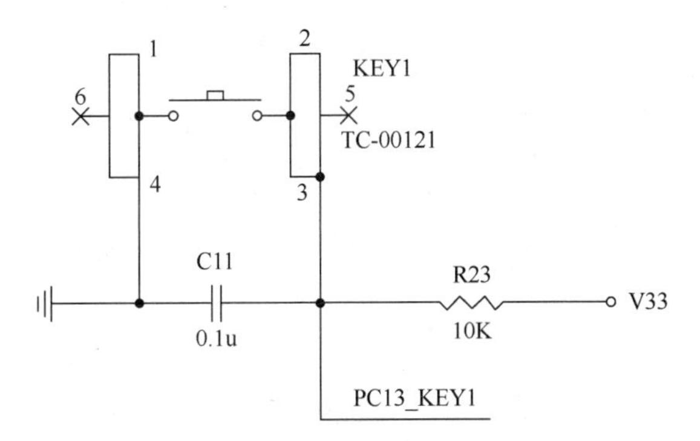

图 2-3　KEY1 按键的电路图

KEY2 按键的电路图与 KEY1 按键的电路图基本一致，区别在于 KEY2 的一端与 PD13 引脚相连。KEY1 按键和 KEY2 按键的区别如表 2-1 所示。

表 2-1　KEY1 按键和 KEY2 按键的区别

	按键打开时对应的 I/O 电平	按键闭合时对应的 I/O 电平	对应引脚
KEY1	高电平	低电平	PC13
KEY2	高电平	低电平	PD13

简化或者一般情况下的按键电路如图 2-4 所示。

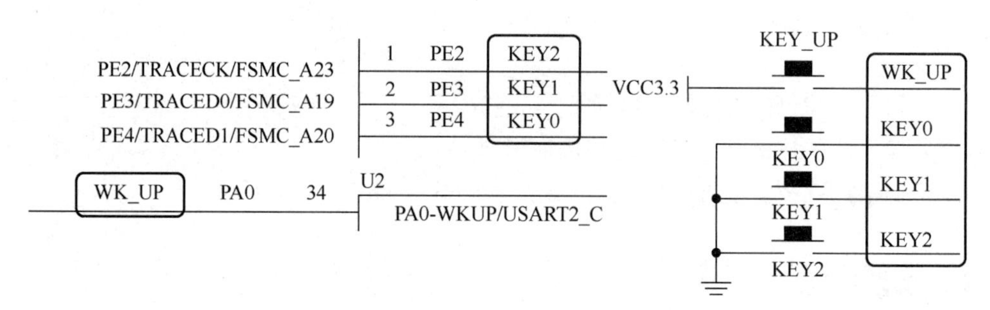

图 2-4 简化的按键电路

如图 2-4 所示，总共有 4 个按键，以 KEY2 按键为例，KEY2 按键的一端连接低电平，另一端连接 PE2 引脚，当按键按下后，PE2 引脚会检测到低电平。

同理，KEY0 按键和 KEY1 按键都是低电平有效。而 WK_UP 按键一端连接高电平，另一端连接 PA0 引脚，当按下 WK_UP 按键后，PA0 引脚会检测到高电平。

按键所用的开关一般都是机械弹性开关，当机械触点断开或闭合时，由于机械触点的弹性作用，一个按键开关在闭合时不会立刻稳定接通，在断开时，也不会立刻彻底断开，而是在闭合和断开的瞬间伴随一连串的抖动，闭合和断开抖动如图 2-5 所示。

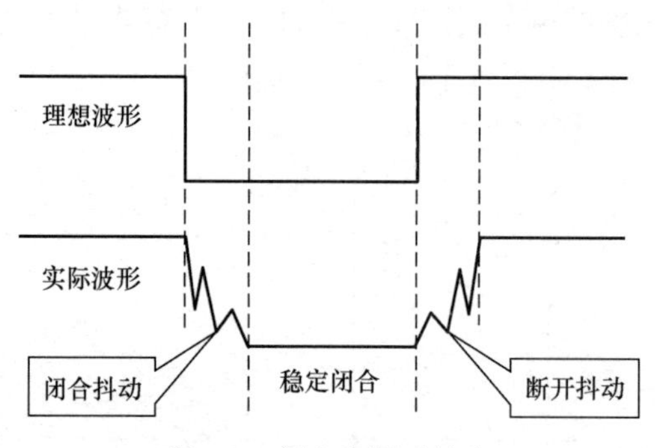

图 2-5 闭合和断开抖动

按键稳定闭合时间的长短是由操作人员决定的，通常都会在 100ms 以上，若刻意快速按键，则能缩短到 40～50ms，但很难再缩短。抖动时间是由按键的机械特性决定的，一般都会在 10ms 以内，为了确保程序对按键的一次闭合或者一次断开只响应一次，必须进行按键的抖动处理。

硬件消抖就是在按键上并联一个电容，利用电容的充放电特性来对抖动过程中产生的电压毛刺进行平滑处理，从而实现消抖。图 2-5 就利用了硬件消抖的方法。

还有一种方法是软件消抖。最简单的消抖原理是，检测到按键状态发生变化后，先等待 10ms 左右，让抖动消失后再进行下一次的按键状态检测，若与刚才检测到的状态相同，则可以确认按键已经稳定地工作了。

2.5.2　程序流程图

首先，定义表示 KEY1 按键状态的变量 key1_state，变量只可取 1 或者 0，KEY1 按键有效触发一次，key1_state 的值变化一次。key1_state 为 1，表示允许 LED 灯闪烁，key1_state 为 0，表示禁止 LED 灯闪烁，初始化时，该值为 1。

接着定义表示 KEY2 按键状态的变量 key2_state，变量只可取 1 或者 0，KEY2 按键有效触发一次，key2_state 的值变化一次。key2_state 为 1，表示 LED 灯顺时针方向闪烁，key2_state 为 0，表示 LED 灯逆时针方向闪烁，初始化时，该值为 1。

程序流程图如图 2-6 所示。

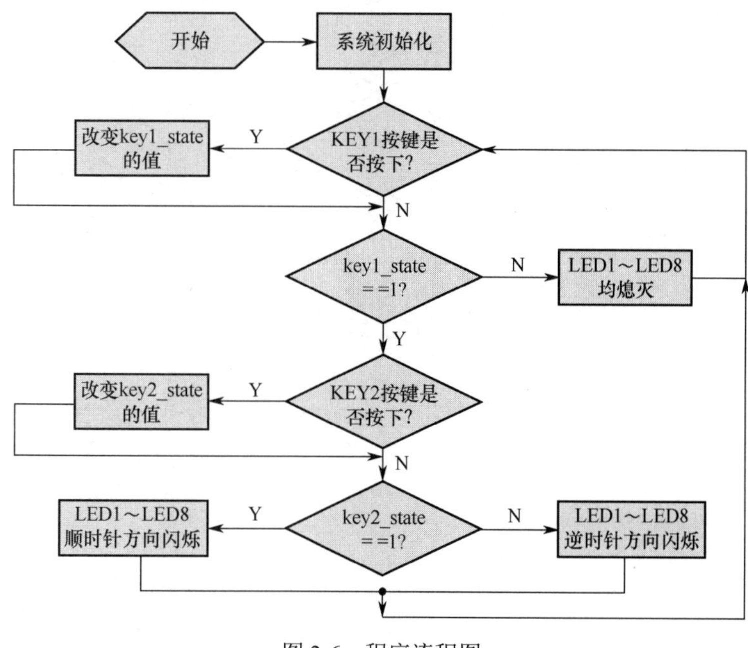

图 2-6　程序流程图

2.5.3　程序中的几个关键函数

2.5.3.1　按键扫描程序

该函数的功能是检测按键是否被按下。

```
Uint8_t key1_state = 1;
uint8_t key1_up = 1;
void KEY1_Scan(void)
{
    uint8_t pinstate;
    pinstate = HAL_GPIO_ReadPin(GPIOC,GPIO_PIN_13);
    if(pinstate==0)
```

```
    {
        if(key1_up==1)
        {
            delay_ms(10);
            pinstate = HAL_GPIO_ReadPin(GPIOC,GPIO_PIN_13);
            if(pinstate==0)
            {
                key1_up=0;
                if(key1_state==1)
                    key1_state=0;
                else
                    key1_state=1;
            }
        }
    }
    else
    {
        if(key1_up==0)
        {
            key1_up=1;
        }
    }
}
```

2.5.3.2 控制 LED 灯函数

① void LED_ALL_OFF(void);

该函数的功能是熄灭 LED1～LED8 这 8 个 LED 灯。

```
Void LED_ALL_OFF(void)
{
    HAL_GPIO_WritePin(GPIOE,GPIO_PIN_0|GPIO_PIN_1|GPIO_PIN_2|GPIO_PIN_3\
           |GPIO_PIN_4|GPIO_PIN_5|GPIO_PIN_6|GPIO_PIN_7,GPIO_PIN_SET);
}
```

② void LED_CLOCKWISE(void);

该函数的功能是按照实验要求，顺时针循环点亮或熄灭 8 个 LED 灯。

```
Void LED_CLOCKWISE(void)
{
        HAL_GPIO_WritePin(GPIOE,GPIO_PIN_7,GPIO_PIN_RESET);
        delay_ms(100);
        HAL_GPIO_WritePin(GPIOE,GPIO_PIN_7,GPIO_PIN_SET);

        HAL_GPIO_WritePin(GPIOE,GPIO_PIN_6,GPIO_PIN_RESET);
        delay_ms(100);
```

```
        HAL_GPIO_WritePin(GPIOE,GPIO_PIN_6,GPIO_PIN_SET);

        HAL_GPIO_WritePin(GPIOE,GPIO_PIN_5,GPIO_PIN_RESET);
        delay_ms(100);
        HAL_GPIO_WritePin(GPIOE,GPIO_PIN_5,GPIO_PIN_SET);

        HAL_GPIO_WritePin(GPIOE,GPIO_PIN_4,GPIO_PIN_RESET);
        delay_ms(100);
        HAL_GPIO_WritePin(GPIOE,GPIO_PIN_4,GPIO_PIN_SET);

        HAL_GPIO_WritePin(GPIOE,GPIO_PIN_0,GPIO_PIN_RESET);
        delay_ms(100);
        HAL_GPIO_WritePin(GPIOE,GPIO_PIN_0,GPIO_PIN_SET);

        HAL_GPIO_WritePin(GPIOE,GPIO_PIN_1,GPIO_PIN_RESET);
        delay_ms(100);
        HAL_GPIO_WritePin(GPIOE,GPIO_PIN_1,GPIO_PIN_SET);

        HAL_GPIO_WritePin(GPIOE,GPIO_PIN_2,GPIO_PIN_RESET);
        delay_ms(100);
        HAL_GPIO_WritePin(GPIOE,GPIO_PIN_2,GPIO_PIN_SET);

        HAL_GPIO_WritePin(GPIOE,GPIO_PIN_3,GPIO_PIN_RESET);
        delay_ms(100);
        HAL_GPIO_WritePin(GPIOE,GPIO_PIN_3,GPIO_PIN_SET);
}
```

③ void LED_ANTI_CLOCKWISE(void);

该函数的功能是按照实验要求，逆时针循环点亮或熄灭 8 个 LED 灯。

```
void LED_ANTI_CLOCKWISE(void)
{
        HAL_GPIO_WritePin(GPIOE,GPIO_PIN_7,GPIO_PIN_RESET);
        delay_ms(100);
        HAL_GPIO_WritePin(GPIOE,GPIO_PIN_7,GPIO_PIN_SET);

        HAL_GPIO_WritePin(GPIOE,GPIO_PIN_3,GPIO_PIN_RESET);
        delay_ms(100);
        HAL_GPIO_WritePin(GPIOE,GPIO_PIN_3,GPIO_PIN_SET);

        HAL_GPIO_WritePin(GPIOE,GPIO_PIN_2,GPIO_PIN_RESET);
        delay_ms(100);
        HAL_GPIO_WritePin(GPIOE,GPIO_PIN_2,GPIO_PIN_SET);
```

```
        HAL_GPIO_WritePin(GPIOE,GPIO_PIN_1,GPIO_PIN_RESET);
        delay_ms(100);
        HAL_GPIO_WritePin(GPIOE,GPIO_PIN_1,GPIO_PIN_SET);

        HAL_GPIO_WritePin(GPIOE,GPIO_PIN_0,GPIO_PIN_RESET);
        delay_ms(100);
        HAL_GPIO_WritePin(GPIOE,GPIO_PIN_0,GPIO_PIN_SET);

        HAL_GPIO_WritePin(GPIOE,GPIO_PIN_4,GPIO_PIN_RESET);
        delay_ms(100);
        HAL_GPIO_WritePin(GPIOE,GPIO_PIN_4,GPIO_PIN_SET);

        HAL_GPIO_WritePin(GPIOE,GPIO_PIN_5,GPIO_PIN_RESET);
        delay_ms(100);
        HAL_GPIO_WritePin(GPIOE,GPIO_PIN_5,GPIO_PIN_SET);

        HAL_GPIO_WritePin(GPIOE,GPIO_PIN_6,GPIO_PIN_RESET);
        delay_ms(100);
        HAL_GPIO_WritePin(GPIOE,GPIO_PIN_6,GPIO_PIN_SET);
}
```

2.6 实验步骤

将“单片机应用开发资源包\实验工程（代码）（见二维码）”下面名为 model01 的工程文件夹复制到所需位置，并重新命名该文件夹为 model02（可自定义）。

打开 model02 工程文件，新建文件 key.c 和 key.h，将这两个文件保存到 model02 目录下的 HARDWARE 文件夹中，并将文件 key.c 和 key.h 添加到工程文件中。

2.6.1 编写按键代码

分别在文件 key.c 和 key.h 中编写按键代码，实现 KEY1 和 KEY2 按键的扫描功能，识别 KEY1 和 KEY2 按键是否被按下。

文件 key.c 的参考代码如下。

```
#include "key.h"
#include "delay.h"

uint8_t key1_state = 1;
uint8_t key2_state = 1;
uint8_t key1_up = 1;
uint8_t key2_up = 1;
```

```
//KEY1 ---  PC13 ---  低电平有效
//KEY2 ---  PD13 ---  低电平有效

void KEY_Init(void)
{
    __HAL_RCC_GPIOC_CLK_ENABLE();                //开启 GPIOC 时钟
    __HAL_RCC_GPIOD_CLK_ENABLE();                //开启 GPIOD 时钟

    GPIO_InitTypeDef GPIO_Initure;               //定义存储配置参数的结构体变量

    //设置 GPIO 配置参数
    GPIO_Initure.Pin   = GPIO_PIN_13;
    GPIO_Initure.Mode  = GPIO_MODE_INPUT;
    GPIO_Initure.Pull  = GPIO_PULLUP;
    GPIO_Initure.Speed = GPIO_SPEED_FREQ_HIGH;

    HAL_GPIO_Init(GPIOC,&GPIO_Initure);     //调用函数初始化 GPIOC_PIN13
    HAL_GPIO_Init(GPIOD,&GPIO_Initure);     //调用函数初始化 GPIOD_PIN13
}

void KEY1_Scan(void)
{
    uint8_t pinstate;
    pinstate = HAL_GPIO_ReadPin(GPIOC,GPIO_PIN_13);
    if(pinstate==0)
    {
        if(key1_up==1)
        {
            delay_ms(10);
            pinstate = HAL_GPIO_ReadPin(GPIOC,GPIO_PIN_13);
            if(pinstate==0)
            {
                key1_up=0;
                if(key1_state==1)
                    key1_state=0;
                else
                    key1_state=1;
            }
        }
    }
    else
```

```
        {
            if(key1_up==0)
            {
                key1_up=1;
            }
        }
}

void KEY2_Scan(void)
{
    uint8_t pinstate;
    pinstate = HAL_GPIO_ReadPin(GPIOD,GPIO_PIN_13);
    if(pinstate==0)
    {
        if(key2_up==1)
        {
            delay_ms(10);
            pinstate = HAL_GPIO_ReadPin(GPIOD,GPIO_PIN_13);
            if(pinstate==0)
            {
                key2_up=0;
                if(key2_state==1)
                    key2_state=0;
                else
                    key2_state=1;
            }
        }
    }
    else
    {
        if(key2_up==0)
        {
            key2_up=1;
        }
    }
}
```

文件 key.h 的参考代码如下。

```
#ifndef __KEY_H
#define __KEY_H

#include "stm32f1xx_hal.h"
#include "stm32f1xx.h"
```

```
extern uint8_t key1_state;
extern uint8_t key2_state;

void KEY_Init(void);
void KEY1_Scan(void);
void KEY2_Scan(void);

#endif
```

文件 key.c 与 key.h 主要定义了以下三个函数和两个变量。

key1_state 表示根据 KEY1 按键的触发情况控制 8 个 LED 灯熄灭和点亮的状态。

key2_state 表示根据 KEY2 按键的触发情况控制 8 个 LED 灯闪烁方向的状态。

KEY_Init ()用于初始化 KEY1 和 KEY2 按键对应的 GPIO。

KEY1_Scan ()用于检测 KEY1 按键是否被按下，并在检测到 KEY1 按键被按下后，相应地改变 key1_state 的值。

KEY2_Scan ()用于检测 KEY2 按键是否被按下，并在检测到 KEY2 按键被按下后，相应地改变 key2_state 的值。

2.6.2　编写/修改 LED 灯代码

文件 led.c 的参考代码如下。

```
#include "led.h"
#include "delay.h"

void LED_Init(void)//PE7---PE0
{
    __HAL_RCC_GPIOE_CLK_ENABLE();

    GPIO_InitTypeDef GPIO_Initure;

    GPIO_Initure.Pin   = GPIO_PIN_0|GPIO_PIN_1|GPIO_PIN_2|GPIO_PIN_3|
            GPIO_PIN_4\|GPIO_PIN_5|GPIO_PIN_6|GPIO_PIN_7;
    GPIO_Initure.Mode  = GPIO_MODE_OUTPUT_PP;
    GPIO_Initure.Speed = GPIO_SPEED_FREQ_HIGH;
    HAL_GPIO_Init(GPIOE,&GPIO_Initure);

    HAL_GPIO_WritePin(GPIOE,GPIO_PIN_0,GPIO_PIN_SET);
    HAL_GPIO_WritePin(GPIOE,GPIO_PIN_1,GPIO_PIN_SET);
    HAL_GPIO_WritePin(GPIOE,GPIO_PIN_2,GPIO_PIN_SET);
    HAL_GPIO_WritePin(GPIOE,GPIO_PIN_3,GPIO_PIN_SET);
```

```
    HAL_GPIO_WritePin(GPIOE,GPIO_PIN_4,GPIO_PIN_SET);
    HAL_GPIO_WritePin(GPIOE,GPIO_PIN_5,GPIO_PIN_SET);
    HAL_GPIO_WritePin(GPIOE,GPIO_PIN_6,GPIO_PIN_SET);
    HAL_GPIO_WritePin(GPIOE,GPIO_PIN_7,GPIO_PIN_SET);
}

void LED_ALL_OFF(void)
{
    HAL_GPIO_WritePin(GPIOE,GPIO_PIN_0|GPIO_PIN_1|GPIO_PIN_2|GPIO_PIN_3\
           |GPIO_PIN_4|GPIO_PIN_5|GPIO_PIN_6|GPIO_PIN_7,GPIO_PIN_SET);
}

void LED_CLOCKWISE(void)
{
        HAL_GPIO_WritePin(GPIOE,GPIO_PIN_7,GPIO_PIN_RESET);
        delay_ms(100);
        HAL_GPIO_WritePin(GPIOE,GPIO_PIN_7,GPIO_PIN_SET);

        HAL_GPIO_WritePin(GPIOE,GPIO_PIN_6,GPIO_PIN_RESET);
        delay_ms(100);
        HAL_GPIO_WritePin(GPIOE,GPIO_PIN_6,GPIO_PIN_SET);

        HAL_GPIO_WritePin(GPIOE,GPIO_PIN_5,GPIO_PIN_RESET);
        delay_ms(100);
        HAL_GPIO_WritePin(GPIOE,GPIO_PIN_5,GPIO_PIN_SET);

        HAL_GPIO_WritePin(GPIOE,GPIO_PIN_4,GPIO_PIN_RESET);
        delay_ms(100);
        HAL_GPIO_WritePin(GPIOE,GPIO_PIN_4,GPIO_PIN_SET);

        HAL_GPIO_WritePin(GPIOE,GPIO_PIN_0,GPIO_PIN_RESET);
        delay_ms(100);
        HAL_GPIO_WritePin(GPIOE,GPIO_PIN_0,GPIO_PIN_SET);

        HAL_GPIO_WritePin(GPIOE,GPIO_PIN_1,GPIO_PIN_RESET);
        delay_ms(100);
        HAL_GPIO_WritePin(GPIOE,GPIO_PIN_1,GPIO_PIN_SET);

        HAL_GPIO_WritePin(GPIOE,GPIO_PIN_2,GPIO_PIN_RESET);
        delay_ms(100);
        HAL_GPIO_WritePin(GPIOE,GPIO_PIN_2,GPIO_PIN_SET);
```

```
        HAL_GPIO_WritePin(GPIOE,GPIO_PIN_3,GPIO_PIN_RESET);
        delay_ms(100);
        HAL_GPIO_WritePin(GPIOE,GPIO_PIN_3,GPIO_PIN_SET);
}

void LED_ANTI_CLOCKWISE(void)
{
        HAL_GPIO_WritePin(GPIOE,GPIO_PIN_7,GPIO_PIN_RESET);
        delay_ms(100);
        HAL_GPIO_WritePin(GPIOE,GPIO_PIN_7,GPIO_PIN_SET);

        HAL_GPIO_WritePin(GPIOE,GPIO_PIN_3,GPIO_PIN_RESET);
        delay_ms(100);
        HAL_GPIO_WritePin(GPIOE,GPIO_PIN_3,GPIO_PIN_SET);

        HAL_GPIO_WritePin(GPIOE,GPIO_PIN_2,GPIO_PIN_RESET);
        delay_ms(100);
        HAL_GPIO_WritePin(GPIOE,GPIO_PIN_2,GPIO_PIN_SET);

        HAL_GPIO_WritePin(GPIOE,GPIO_PIN_1,GPIO_PIN_RESET);
        delay_ms(100);
        HAL_GPIO_WritePin(GPIOE,GPIO_PIN_1,GPIO_PIN_SET);

        HAL_GPIO_WritePin(GPIOE,GPIO_PIN_0,GPIO_PIN_RESET);
        delay_ms(100);
        HAL_GPIO_WritePin(GPIOE,GPIO_PIN_0,GPIO_PIN_SET);

        HAL_GPIO_WritePin(GPIOE,GPIO_PIN_4,GPIO_PIN_RESET);
        delay_ms(100);
        HAL_GPIO_WritePin(GPIOE,GPIO_PIN_4,GPIO_PIN_SET);

        HAL_GPIO_WritePin(GPIOE,GPIO_PIN_5,GPIO_PIN_RESET);
        delay_ms(100);
        HAL_GPIO_WritePin(GPIOE,GPIO_PIN_5,GPIO_PIN_SET);

        HAL_GPIO_WritePin(GPIOE,GPIO_PIN_6,GPIO_PIN_RESET);
        delay_ms(100);
        HAL_GPIO_WritePin(GPIOE,GPIO_PIN_6,GPIO_PIN_SET);
}
```

文件 led.h 的参考代码如下。

```
#ifndef __LED_H
#define __LED_H
```

```
#include "stm32f1xx_hal.h"
#include "stm32f1xx.h"

void LED_Init(void);
void LED_ALL_OFF(void);
void LED_CLOCKWISE(void);
void LED_ANTI_CLOCKWISE(void);

#endif
```

文件 led.c 与 led.h 主要定义了以下 4 个函数。

LED_Init()用于初始化 LED1～LED8 对应的 8 个 GPIO。

LED_ALL_OFF()用于关闭 LED1～LED8 共 8 个 LED 灯。

LED_CLOCKWISE()用于控制 LED1～LED8 按照实验要求顺时针闪烁。

LED_ANTI_CLOCKWISE()用于控制 LED1～LED8 按照实验要求逆时针闪烁。

2.6.3 编写 main 函数控制代码

main.c 中的 main 函数的参考代码如下。

```
int main(void)
{
    HAL_Init();
    SystemClock_Config();
    delay_init(72);
    LED_Init();
    KEY_Init();

    while(1)
    {
        KEY1_Scan();
        if(key1_state==0)
        {
            LED_ALL_OFF();
        }
        else
        {
            KEY2_Scan();
            if(1==key2_state)
            {
```

```
                LED_CLOCKWISE();
            }
            else
            {
                LED_ANTI_CLOCKWISE();
            }
        }
    }
}
```

注意，在 main.c 中 main 函数的上方，添加对 key.h 的引用“#include"key.h"”。

在 main.c 函数中，首先进行如下初始化配置。

HAL_Init()用于进行一些必要的系统初始化。

SystemClock_Config()用于对时钟进行初始化，系统时钟选为 PLL，其频率为 72MHz。

delay_init(72)用于初始化延时函数，方便后续使用 delay_ms()函数。

LED_Init()用于初始化 LED1～LED8 对应的 GPIO。

KEY_Init()用于初始化 KEY1 和 KEY2 对应的 GPIO。

在 while(1)后台主循环中：

① 调用 KEY1_Scan()，检测 KEY1 按键是否被按下，并根据检测结果相应地改变 key1_state 的值。

② 判断 key1_state 的值，并根据判断情况决定是否熄灭全部 LED 灯（调用 LED_ALL_OFF()）还是继续进行执行判断。

③ 调用 KEY2_Scan()，检测 KEY2 按键是否被按下，并根据检测结果相应地改变 key2_state 的值。

④ 判断 key2_state 的值，决定 LED1～LED8 灯的闪烁方向，并做出相应改变。

2.6.4　编译代码并下载验证

编译通过后，将代码下载至开发板，观察实验效果。

上电后 LED 灯默认闪烁，闪烁方向为顺时针方向，按下 KEY1 按键可以点亮/熄灭 LED 灯。

在 LED 灯闪烁期间，按下 KEY2 按键，LED 灯闪烁方向会发生变化。

在 LED 灯关闭期间，按下 KEY2 按键，并不能改变之前的 LED 灯闪烁方向，通过 KEY1 按键点亮 LED 灯后，LED 灯的闪烁方向是 LED 灯熄灭前的闪烁方向。

2.7　拓展提高

① 总结 GPIO 作为通用输入/输出口的初始化流程。

② 以 model02 为基础，若开发板有且仅有以下变动：“KEY1 按键连接的芯片引脚

为 PB6 且按键是高电平有效（为实现改动，电路图已做出相应改变，PB6 引脚外接下拉电阻）"，要求实现以下功能：

a. 通过按下 KEY2 按键切换 LED 灯的状态，控制 LED1～LED8 是否闪烁。（KEY2 按键为 8 个 LED 灯闪烁总开关。）

b. 在 LED 灯闪烁期间，通过按下 KEY1 按键实现 LED 灯在闪烁方向 1 和 2 之间进行切换（闪烁方向 1 和 2 与原实验要求一致）。

实验 3　STM32 外部中断实验

3.1　实验要求

利用新大陆 M3 主控模块上的 KEY1 和 KEY2 按键控制 LED 灯是否闪烁和闪烁方向。

实验具体要求如下。

① 通过按下 KEY1 按键切换状态，控制 LED1～LED8 是否闪烁（KEY1 按键为 8 个 LED 灯闪烁总开关。）

② 对于 KEY1 按键的检测必须使用“外部中断”方式。

③ 在允许 LED 灯闪烁期间，通过按下 KEY2 按键实现 LED 灯在闪烁方向 1 和 2 之间进行切换。闪烁方向的具体要求如下。

闪烁方向 1：顺时针方向，LED1 为初始闪烁灯。顺时针方向如图 3-1 所示。

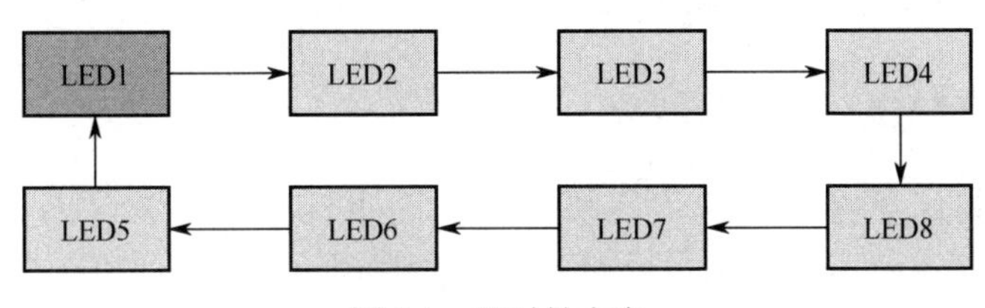

图 3-1　顺时针方向

闪烁方向 2：逆时针方向，LED1 为初始闪烁灯。逆时针方向如图 3-2 所示。

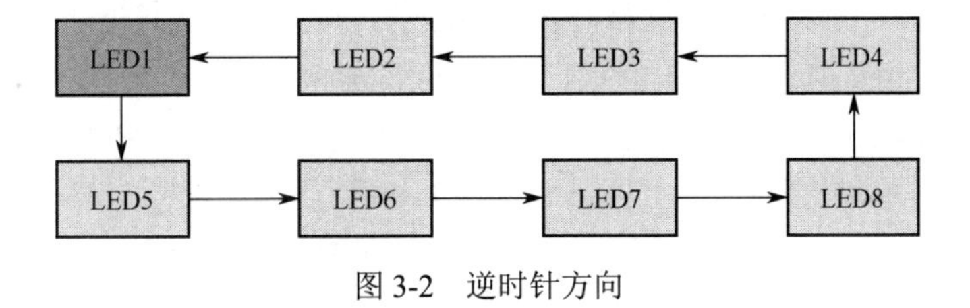

图 3-2　逆时针方向

3.2　实验器材

① 新大陆 M3 主控模块。

② ST-LINK 下载器。

3.3 实验内容

① 利用外部中断实现按键的输入检测。
② 利用 KEY2 按键控制 LED 灯循环点亮的方向。
③ 利用 KEY1 按键控制 LED 灯的点亮与熄灭。

3.4 实验目的

① 了解中断的基本概念。
② 掌握 STM32F1 系列微控制器中断的基本编程方法。
③ 掌握外部中断的原理，熟悉中断 HAL 库函数。

3.5 实验原理

本实验是在实验 2 的基础上进行修改的，本实验与实验 2 的区别是 KEY1 按键的检测必需使用外部中断方式，其他诸如 KEY2 按键扫描、LED 灯控制等实验原理，请参考实验 2 中的“2.5 实验原理”中的内容。

3.5.1 STM32 的中断和异常

Cortex-M3 将能够打断当前代码执行流程的事件分为异常（Exception）和中断（Interrupt），其中，异常是由内核产生的，而中断是由内核以外的设备产生的。

Cortex-M3 内核的异常响应系统最多支持 256 个异常和中断。将这些异常和中断统一编排成一个表进行管理，这个表就称为中断向量表。其中，内核异常编号为 0～15，而外部中断编号均大于 16（内外是相对内核而言的，外部中断有可能由内部设备产生）。

STM32 对 Cortex-M3 的中断向量表重新进行了剪裁，最多有 84 个中断，其中包括 16 个内核中断（这 16 个内核中断是任何半导体商都改变不了的）和 68 个可屏蔽中断，具有 16 级可编程的中断优先级，并为异常和中断编排了默认优先级编号。其中，优先级编号为−3～6 的中断向量定义为系统异常，编号为负数的内核异常优先级是固定的，无法通过软件进行配置，包括复位（Reset，−3）、不可屏蔽中断（NMI，−2）、硬故障（HardFault，−1）。从优先级编号 7 开始的中断向量为外部中断，其优先级是可自行配置的。

对于 STM32 系列微控制器，不同系列产品具有不同的片上资源，也具有不同数目的可编程中断。

① STM32F103x8 经济型系列只有 43 个可屏蔽中断（16+43=59）。
② STM32F103 超高密度型具有 60 个可屏蔽中断（本实验开发板使用该芯片系列）。
③ STM32F107 互联型系列有 68 个可屏蔽中断（16+68=84）。

关于 STM32F10xx 产品的向量表，请参照“单片机应用开发资源包\技术资料\STM32相关”目录下的《STM32F10xx 参考手册》第 9 章中 9.1.2 中断和异常向量（见二维码）。

3.5.2　向量中断控制器

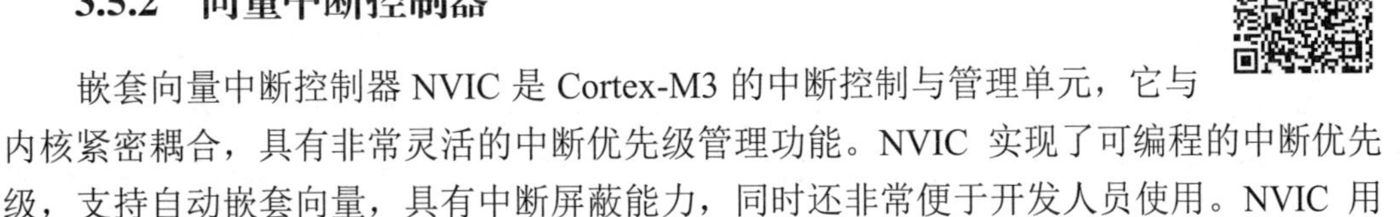

嵌套向量中断控制器 NVIC 是 Cortex-M3 的中断控制与管理单元，它与内核紧密耦合，具有非常灵活的中断优先级管理功能。NVIC 实现了可编程的中断优先级，支持自动嵌套向量，具有中断屏蔽能力，同时还非常便于开发人员使用。NVIC 用于控制和管理所有系统异常和外部中断。

系统异常、NMI 和中断由 NVIC 管理。NVIC 还对 24 位定时器 SysTick 的异常输入进行处理。NVIC 结构示意图如图 3-3 所示。

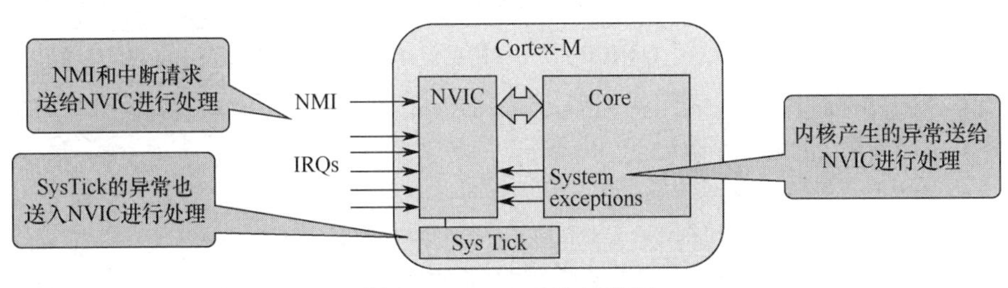

图 3-3　NVIC 结构示意图

3.5.3　NVIC 的优先级分组

STM32 支持 16 个中断优先级，使用 8 位中断优先级设置的高 4 位，并分为抢占优先级和响应优先级，抢占优先级在前，响应优先级在后，具体位数分配通过应用程序中断及复位控制寄存器 AIRCR 的优先级分组 PRIGROUP 位段（AIRCR[10:8]）设置。NVIC 的优先级分组如表 3-1 所示。

表 3-1　NVIC 的优先级分组

组	AIRCR[10:8]	IP bit[7:4]分配情况	分 配 结 果
0	111	0：4	0 位抢占优先级，4 位响应优先级
1	110	1：3	1 位抢占优先级，3 位响应优先级
2	101	2：2	2 位抢占优先级，2 位响应优先级
3	100	3：1	3 位抢占优先级，1 位响应优先级
4	011	4：0	4 位抢占优先级，0 位响应优先级

抢占优先级高（数值小）的中断可以中断抢占优先级低（数值大）的中断，而响应优先级高的中断不能中断响应优先级低的中断。

3.5.4　STM32 外部中断简介

STM32F1 的每个 GPIO 都可以作为外部中断的中断输入口，这也是 STM32F1 的强大之处。STM32F103 的中断控制器支持 19 个外部中断/事件请求。每个中断都设有状态位，每个中断/事件都有独立的触发和屏蔽设置。

STM32F103 的 19 个外部中断如下。

① EXTI 线 0～15：对应外部 GPIO 的输入中断。

② EXTI 线 16：连接到 PVD 输出。

③ EXTI 线 17：连接到 RTC 闹钟事件。

④ EXTI 线 18：连接到 USB 唤醒事件。

从上面可以看出，STM32F1 供 GPIO 使用的中断线只有 16 个，但是 STM32F1 的 GPIO 却远远不止 16 个，那么 STM32F1 是怎么把 16 个中断线和 GPIO 一一对应起来的呢？于是 STM32 就这样设计，GPIO 的引脚 GPIOx.0～GPIOx.15（x=A,B,C,D,E,F,G,H,I）分别对应中断线 0～15。这样每个中断线都最多对应 7 个 GPIO，以线 0 为例：它对应了 GPIOA.0、GPIOB.0、GPIOC.0、GPIOD.0、GPIOE.0、GPIOF.0、GPIOG.0。而中断线每次只能连接到 1 个 GPIO 上，这样就需要通过配置来决定对应的中断线配置到哪个 GPIO 上。GPIO 与中断线的映射关系如图 3-4 所示。

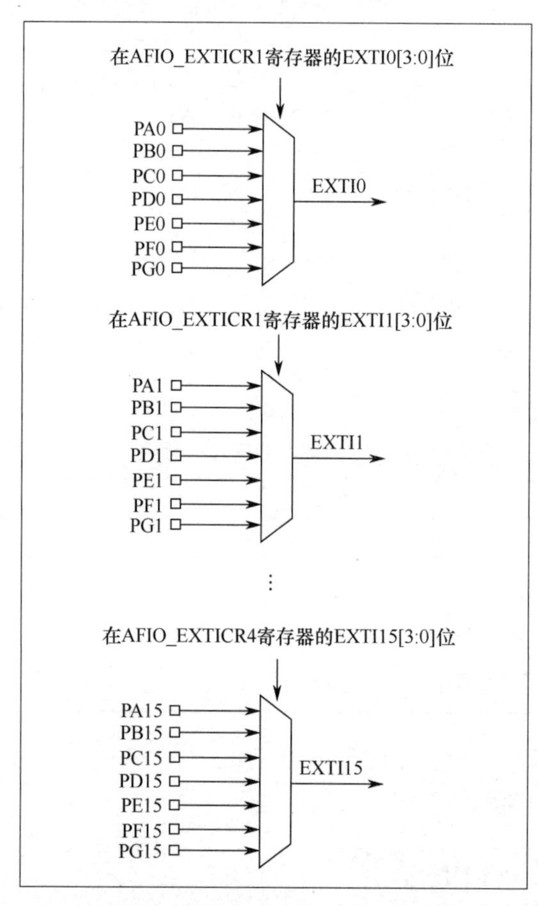

图 3-4　GPIO 与中断线的映射关系

3.5.5　使用 HAL 库函数配置外部中断的步骤

① 使能 GPIO 时钟。

② 设置 GPIO 模式，触发条件，开启 GPIO 时钟，设置 GPIO 与中断线的映射关系。

③ 配置中断优先级，并使能中断。

④ 编写中断服务函数。

在 HAL 库中已经事先定义了中断服务函数的名称，这里需要说明一下，STM32F1 的 GPIO 外部中断函数有以下 7 个。

```
void EXTI0_IRQHandler();
void EXTI1_IRQHandler();
void EXTI2_IRQHandler();
void EXTI3_IRQHandler();
void EXTI4_IRQHandler();
void EXTI9_5_IRQHandler();
void EXTI15_10_IRQHandler();
```

中断线 0～4 每个中断都对应一个中断函数，中断线 5～9 公用中断函数 EXTI9_5_IRQHandler，中断线 10～15 公用中断函数 EXTI15_10_IRQHandler。

该函数的作用非常简单，就是清除中断标志位，然后调用回调函数 HAL_GPIO_EXTI_Callback()实现控制逻辑。

⑤ 编写中断处理回调函数 HAL_GPIO_EXTI_Callback()。

在使用 HAL 库时，我们也可以在中断服务函数中编写控制逻辑，但是为了用户使用方便，HAL 库提供了一个中断通用入口函数 HAL_GPIO_EXTI_ IRQHandler()，在该函数内部直接调用回调函数 HAL_GPIO_EXTI_Callback()。

通过以上几个步骤，我们就可以正常使用外部中断了。

本实验中，我们要求用外部中断来完成 KEY1 按键的检测。在未按下 KEY1 按键时，可以检测到高电平，在按下 KEY1 按键后检测到低电平。所以我们将中断方式可以设置为下降沿触发，KEY1 按键对应引脚为 PC13，所以需要使用的是外部中断线 13，需要使用的中断处理函数为 EXTI15_10_IRQHandler()。

3.6　实验步骤

将“单片机应用开发资源包\实验工程（代码）（见二维码）”下面名为 model02 的工程文件夹复制到所需位置（可自定义），并将该文件夹重新命名为 model03（可自定义）。

打开 model03 工程文件，新建文件 exti.c 和 exti.h，并将这两个文件保存到 model03 目录下的 HARDWARE 文件夹中，并将文件 exti.c 和 exti.h 添加到工程文件中。

3.6.1　修改中断优先级分组

打开 model03\HALLIB\Src 下的 stm32f1xx_hal.c 文件，找到 HAL_StatusTypeDef

HAL_Init(void)函数，在函数内部找到 HAL_NVIC_SetPriorityGrouping()函数，该函数就是设置中断优先级分组的函数，这里我们将中断优先级分组由 NVIC_PRIORITYGROUP_4 设置为 NVIC_PRIORITYGROUP_2。

3.6.2 编写 exti.c 和 exti.h 文件

文件 exti.c 的参考代码如下。

```
#include "exti.h"
#include "key.h"

void EXTI_Init(void)
{
    GPIO_InitTypeDef GPIO_Initure;

    __HAL_RCC_GPIOC_CLK_ENABLE();                    //开启 GPIOC 时钟

    GPIO_Initure.Pin=GPIO_PIN_13;                    //PC13
    GPIO_Initure.Mode=GPIO_MODE_IT_FALLING;          //下降沿触发
    GPIO_Initure.Pull=GPIO_PULLUP;
    HAL_GPIO_Init(GPIOC,&GPIO_Initure);

    //中断线 13-PC13
    HAL_NVIC_SetPriority(EXTI15_10_IRQn,2,0);        //抢占优先级为 2,子优先级为 0
    HAL_NVIC_EnableIRQ(EXTI15_10_IRQn);              //使能中断线 13
}

//中断服务函数
void EXTI15_10_IRQHandler(void)
{
    HAL_GPIO_EXTI_IRQHandler(GPIO_PIN_13);           //调用中断处理公用函数
}

void HAL_GPIO_EXTI_Callback(uint16_t GPIO_Pin)
{
    switch(GPIO_Pin)
    {
        case GPIO_PIN_13:
            if(key1_state==1)
                key1_state=0;
            else
                key1_state=1;
        break;
```

```
    }
}
```

文件 exit.h 的参考代码如下。

```
#ifndef __EXTI_H
#define __EXTI_H

#include "stm32f1xx_hal.h"
#include "stm32f1xx.h"

void EXTI_Init(void);

#endif
```

3.6.3　修改 key.c 中的代码

在 void KEY_Init(void)函数中，将以下两行代码屏蔽或删除。

```
__HAL_RCC_GPIOC_CLK_ENABLE();
HAL_GPIO_Init(GPIOC,&GPIO_Initure);
```

3.6.4　修改 main.c 中的代码

① 在 main.c 中增加对 exti.h 头文件的引用，即添加#include"exit.h"。

② 在 main 函数内部的 while(1)主循环前，调用外部中断设置的初始化函数 EXTI_Init()。

③在 main 函数内部的 while(1)中，屏蔽或删除函数“KEY1_Scan()”。

3.6.5　编译代码并下载验证

编译通过后，将代码下载至开发板，观察实验效果。

上电后 LED 灯默认为闪烁状态，闪烁方向为顺时针方向，按下 KEY1 按键可以点亮/熄灭 LED 灯。

在 LED 灯闪烁期间，按下 KEY2 按键，LED 灯闪烁方向会发生变化。

在 LED 灯熄灭期间，按下 KEY2 按键，并不能改变之前 LED 灯的闪烁方向，利用 KEY1 按键点亮 LED 灯后，LED 灯的闪烁方向是 LED 灯熄灭前的闪烁方向。

3.7　拓展提高

思考一下，针对该开发板能否将两个按键 KEY1 与 KEY2 全部设置成外部中断检测方式？如果可以，请问应该如何修改函数代码？

实验 4　STM32 串口通信实验

4.1　实验要求

在新大陆 M3 主控模块上编写程序，实现用串口连接方式与上位机进行通信交互，系统每隔 2s 左右向上位机发送提示信息“系统运行正常”，能够识别上位机按照一定通信协议发送来的数据，并可以将这些数据通过串口转发回去，并在上位机上显示。在系统正常运行期间，LED9 按照一定频率闪烁，提示系统正在运行。

通信协议要求如下。

① 每次发送的数据总长度不超过 200 字节。

② 每个数据包均以“0x0D 0x0A”作为结束，其对应 C 语言的转义字符为“\r（回车）\n（换行）”。

在实现以上功能的基础上，再实现利用上位机发送指令控制开发板上 LED1～LED8 点亮/熄灭的功能。

控制 LED 灯点亮/熄灭的串口指令有以下三部分。

第一部分：LED 或者 led。

第二部分：数字为 1～8，代表需要控制哪个 LED 灯。

第三部分：具体操作，点亮指令为“on”或者“ON”，熄灭指令为“off”或者“OFF”。

例如：

点亮 LED1 的指令的格式如下。

```
1.LED1ON  2.LED1on  3.led1ON  4.led1on
```

熄灭 LED5 的指令的格式如下。

```
1.LED5OFF  2.LED5off  3.led5OFF  4.led5off
```

4.2　实验器材

① 新大陆 M3 主控模块。

② ST-LINK 下载器。

③ USB 转串口连接线。

4.3　实验内容

① 实现串口通信的接收和发送功能。

② 将上位机发送的数据转发回上位机。

③ 利用上位机发送通信指令至开发板控制 LED 灯的点亮/熄灭。

4.4　实验目的

① 学习 STM32 串口配置的基本方法。

② 掌握通信协议的使用方法（通信协议的制定与解析）。

③ 学会使用串口中断。

4.5　实验原理

4.5.1　STM32F1 串口简介

目前，MCU 本身都会带有串口，串口是一种重要的外部接口，同时也是软件开发的重要调试手段。STM32F103VET6 最多提供 5 路串口，配有分数波特率发生器，支持同步单线通信和半双工单线通信，支持 LIN，支持调制和解调操作，具有 DMA 等。

在本实验中，利用串口 1 连续输出信息到上位机，同时接收从上位机发过来的数据，并把数据送回到上位机。本实验平台利用 USB 转串口连接线，连接串口与上位机。

串口最基本的设置是波特率设置。STM32 串口使用起来还是很简单的，只要开启串口时钟，并设置相应 GPIO 模式，然后将波特率、数据位长度、奇偶校验位等信息设置完成后就可以使用了。下面，简单介绍这几个与串口基本配置直接相关的寄存器。

① 串口时钟使能。串口作为 STM32 的一个外设，其时钟由外设时钟使能寄存器控制，这里我们使用的串口 1 是在 APB2ENR 寄存器的第 14 位。说明一点，就是除了串口 1 的时钟使能位在 APB2ENR 寄存器，其他串口的时钟使能位都在 APB1ENR 寄存器。

② 串口复位。当外设出现异常时，可以通过复位寄存器中的对应位进行设置，实现该外设的复位，然后重新配置这个外设，以达到让其重新工作的目的。一般在系统刚开始配置外设时，都会先执行复位该外设的操作。串口 1 的复位是通过配置 APB2RSTR 寄存器的第 14 位来实现的。APB2RSTR 寄存器的各个位的描述如图 4-1 所示。

31	30	29	28	27	26	25	24	23	22	21	20	19	18	17	16
保留															

15	14	13	12	11	10	9	8	7	6	5	4	3	2	1	0
ADC3 RST	USART1 RST	TIM8 RST	SPI1 RST	TIM1 RST	ADC2 RST	ADC1 RST	IOPG RST	IOPF RST	IOPE RST	IOPD RST	IOPC RST	IOPB RST	IOPA RST	保留	AFIO RST
rw	rw	rw	rw	rw	rw	rw	rw	rw	rw	rw	rw	rw	rw	res	rw

图 4-1　APB2RSTR 寄存器的各个位的描述

串口 1 复位如图 4-2 所示。

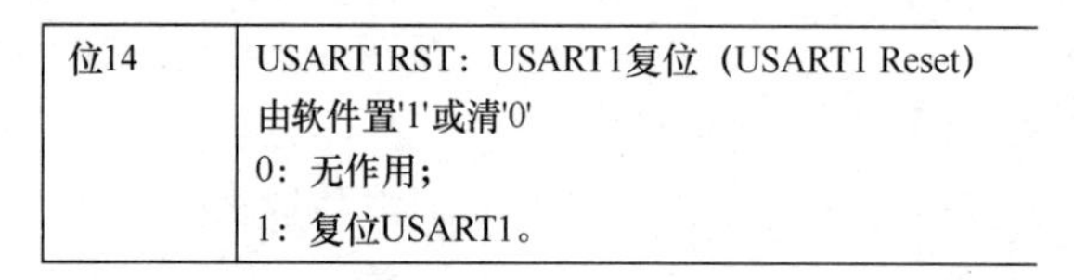

位14	USART1RST：USART1复位（USART1 Reset） 由软件置'1'或清'0' 0：无作用； 1：复位USART1。

图 4-2　串口 1 复位

从图 4-1 可知，串口 1 的复位设置位在 APB2RSTR 的第 14 位。通过向该位写 1 复位串口 1，写 0 结束复位。其他串口的复位设置位在 APB1RSTR 中。

③ 串口波特率设置。每个串口都有一个自己独立的波特率寄存器 USART_BRR，通过设置该寄存器就可以达到配置不同波特率的目的。

④ 串口控制。STM32 每个串口都有 3 个控制寄存器 USART_CR1～3，串口的很多配置都是通过这 3 个寄存器来实现的。这里只需 USART_CR1 寄存器就可以实现本实验的功能了，USART_CR1 寄存器的各个位的描述如图 4-3 所示。

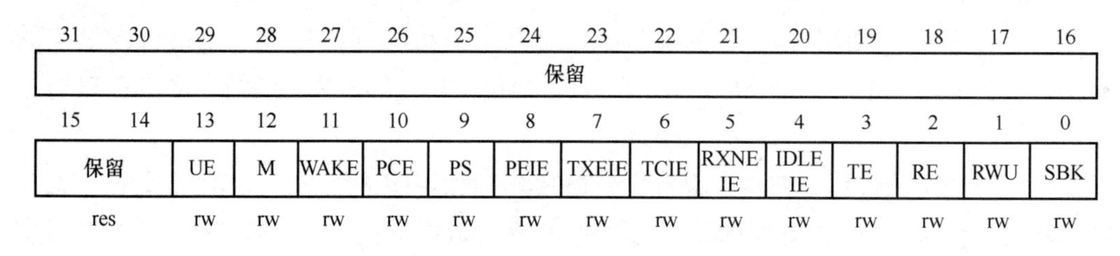

31	30	29	28	27	26	25	24	23	22	21	20	19	18	17	16
保留															

15	14	13	12	11	10	9	8	7	6	5	4	3	2	1	0
保留		UE	M	WAKE	PCE	PS	PEIE	TXEIE	TCIE	RXNE IE	IDLE IE	TE	RE	RWU	SBK
res		rw	rw	rw	rw	rw	rw	rw	rw	rw	rw	rw	rw	rw	rw

图 4-3　USART_CR1 寄存器的各个位的描述

由图 4-3 可知，该寄存器的高 18 位没有用到，低 14 位用于串口的功能设置。UE 为串口使能位，通过将该位置 1，使能串口。M 为字长选择位，当该位为 0 时，设置串口为 8 个字长外加 0 个停止位，停止位的个数（n）是根据 USART_CR2 寄存器的[13:12]位的设置来确定的，默认为 0。PCE 为校验使能位，若将其设置为 0，则禁止校验；否则使能校验。PS 为校验位选择，若将其设置为 0，则为偶校验；否则为奇校验。TXEIE 为发送缓冲区空中断使能位，若将其设置为 1，则当 USART_SR 寄存器中的 TXE 位为 1 时，将产生串口中断。TCIE 为发送完成中断使能位，设置该位为 1，当 USART_SR 寄存器中的 TC 位为 1 时，将产生串口中断。RXNEIE 为接收缓冲区非空中断使能位，若将其设置为 1，则当 USART_SR 寄存器中的 ORE 位或者 RXNE 位为 1 时，将产生串口中断。TE 为发送使能位，若将其设置为 1，则将开启串口的发送功能。RE 为接收使能位，其用法与 TE 相同。

⑤ 数据发送与接收。STM32 发送与接收是通过数据寄存器 USART_DR 来实现的，该寄存器是一个双寄存器，包含了 TDR 和 RDR。当向该寄存器写数据时，串口会自动发送这些数据；当该寄存器接收数据时，这些数据存储在该寄存器内。USART_DR 寄存器的各个位的描述如图 4-4 所示。

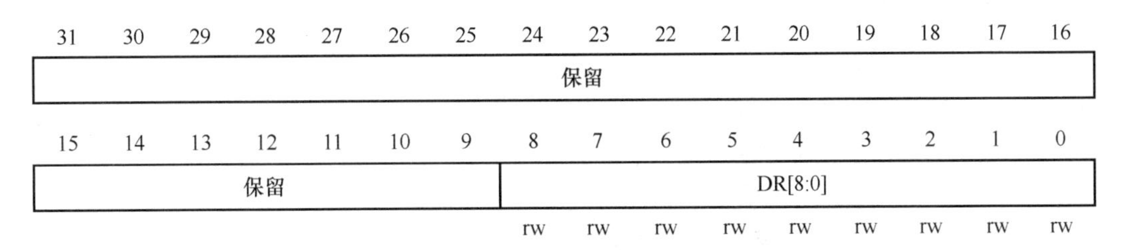

图 4-4　USART_DR 寄存器的各个位的描述

由图 4-4 可以看出，虽然该寄存器是一个 32 位寄存器，但是只用了低 9 位（DR[8:0]），其他都是保留位。DR[8:0]为串口数据，包含了发送或接收的数据。由于该寄存器是由两个寄存器组成的，一个寄存器用于发送（TDR），另一个寄存器用于接收（RDR），该寄存器兼具读和写的功能。TDR 寄存器提供了内部总线和输出移位寄存器之间的并行接口。RDR 寄存器提供了输入移位寄存器和内部总线之间的并行接口。

当发送使能校验位（USART_CR1 中的 PCE 位被置位）时，写到 MSB 的值（根据数据的长度不同，MSB 是第 7 位或者第 8 位）会被后来的校验位取代。当接收使能校验位时，读到的 MSB 位是接收到的校验位。

⑥ 串口状态。串口状态可以通过状态寄存器 USART_SR 读取。USART_SR 寄存器的各个位的描述如图 4-5 所示。

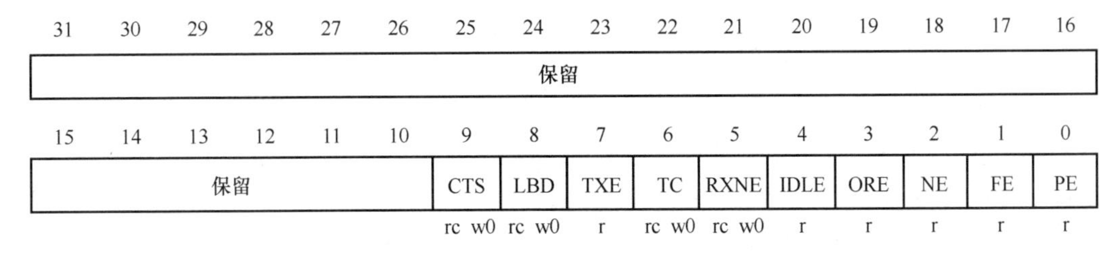

图 4-5　USART_SR 寄存器的各个位的描述

这里需要注意第 5、第 6 位 RXNE 和 TC 位。当 RXNE 位被置 1 时，提示已经有数据被接收到，并且可以将这些数据读出来。这时应该尽快读取 USART_DR 寄存器，通过读取 USART_DR 寄存器，可以将该位清零，也可以向该位写 0，直接清除。

当 TC 位被置 1 时，表示 USART_DR 寄存器内的数据已经全部发送完成。若设置 TC 位中断，则会产生中断。TC 位也有两种清零方式：一种是读 USART_SR，写 USART_DR；另一种是直接向该位写 0。

串口设置的一般步骤如下。

① 串口时钟使能，GPIO 时钟使能。

② 设置引脚复用映射。

③ GPIO 初始化设置：设置模式为复用功能。

④ 串口参数初始化：设置波特率、字长、奇偶校验位等参数。

⑤ 开启中断并且初始化 NVIC，使能中断（只有需要开启中断才需要这个步骤）。

⑥ 使能串口。

⑦ 编写中断处理函数。

串口中断方式的特点如下。

（1）发送数据时，将 1 字节数据放入数据寄存器（DR）；接收数据时，将 DR 中的数据存放到用户存储区。

（2）中断方式不必等待数据的传输过程，只需要在每字节数据收发完成后，由中断标志位触发中断，在中断服务程序中存入新的 1 字节数据或者读取接收到的 1 字节数据。

（3）在传输数据量较大，且通信波特率较高（大于 38400）时，若采用中断方式，则每收发 1 字节数据，CPU 都会被中断一次，造成 CPU 无法处理其他事务。因此在批量数据传输，且通信波特率较高时，建议采用 DMA 方式。

4.5.2 串口通信相关 HAL 库函数

接下来，我们将着重讲解使用 HAL 库实现串口配置的方法。在 HAL 库中，与串口相关的函数和定义主要在文件 stm32f1xx_hal_uart.c 和 stm32f1xx_hal_uart.h 中。HAL 库提供的串口相关操作函数如下。

① 串口参数初始化（波特率/停止位等）并使能串口。

串口作为 STM32 的一个外设，HAL 库为其配置了串口初始化函数。串口初始化函数 HAL_UART_Init 的定义如下。

```
HAL_StatusTypeDef HAL_UART_Init(UART_HandleTypeDef *huart);
```

该函数只有一个入口参数 huart，为 UART_HandleTypeDef 结构体指针类型，俗称串口句柄，它的使用会贯穿整个串口程序。一般情况下，我们会定义一个 UART_HandleTypeDef 结构体类型全局变量，然后初始化其各个成员变量。

该结构体成员变量非常多，在下载、调用函数 HAL_UART_Init 对串口进行初始化时，只需先设置 Instance 和 Init 两个成员变量的值。其他各个成员变量的含义如下。

Instance 是 USART_TypeDef 结构体指针类型变量，它用于执行寄存器基地址，实际上，该基地址 HAL 库已经定义好了，若 Instance 是串口 1，则取值为 USART1 即可。

Init 是 UART_InitTypeDef 结构体类型变量，它用于设置串口的各个参数，包括波特率和停止位等，其使用方法如下。

```
typedef struct
{
```

```
uint32_t BaudRate;
uint32_t WordLength;
uint32_t StopBits;
uint32_t Parity;
uint32_t Mode;
uint32_t HwFlowCtl;
uint32_t OverSampling;
} UART_InitTypeDef
```

该结构体的参数 BaudRate 为波特率，波特率是串口最重要的参数之一，用来确定串口的通信速率。参数 WordLength 为字长，可以设置为 8 位或者 9 位，这里我们将其设置为 8 位，对应的数据格式为 UART_WORDLENGTH_8B。参数 StopBits 为停止位设置，可以将其设置为 1 个停止位或者 2 个停止位，这里我们设置 1 个停止位 UART_STOPBITS_1。通过设置参数 Parity 来确定是否需要奇偶校验位，我们设定为无奇偶校验位。参数 Mode 为串口模式，可以将其设置为只收模式、只发模式或者全双工收发模式，这里我们设置为全双工收发模式。通过设置参数 HwFlowCtl 来确定是否支持硬件流控制，我们设置为无硬件流控制。通过设置参数 OverSampling 来确定过采样是 16 倍还是 8 倍。

注意，串口作为一个重要外设，在调用的初始化函数 HAL_UART_Init 内部，会先调用 MSP 初始化回调函数并进行 MCU 相关的初始化，该函数如下。

```
void HAL_UART_MspInit(UART_HandleTypeDef *huart);
```

在程序中，只需要重写该函数即可。一般情况下，该函数内部用来编写 GPIO 初始化、时钟使能及 NVIC 配置。

② 使能串口和 GPIO 时钟。

若要使能串口，则必须使能串口时钟和正在使用的 GPIO 时钟。例如，若要使用串口 1，则必须使能串口 1 时钟和 GPIOA 时钟（串口 1 使用的是引脚 PA9 和 PA10）。具体方法如下。

```
__HAL_RCC_USART1_CLK_ENABLE();//使能 USART1 时钟
__HAL_RCC_GPIOA_CLK_ENABLE();//使能 GPIOA 时钟
```

③ GPIO 初始化设置（速度，上下拉等）及复用映射配置。

在 HAL 库中，GPIO 初始化参数设置和复用映射配置是在函数 HAL_GPIO_Init 中一次性完成的。注意，若要复用引脚 PA9 和 PA10 为串口发送/接收相关引脚，则需要将 GPIO 配置为复用，同时复用映射到串口 1。配置代码如下。

```
GPIO_Initure.Pin=GPIO_PIN_9; //设置引脚 PA9
GPIO_Initure.Mode=GPIO_MODE_AF_PP;          //复用推挽输出
GPIO_Initure.Pull=GPIO_PULLUP;              //上拉
GPIO_Initure.Speed=GPIO_SPEED_FREQ_HIGH;    //高速
HAL_GPIO_Init(GPIOA,&GPIO_Initure);         //初始化引脚 PA9
```

```
GPIO_Initure.Pin=GPIO_PIN_10;                    //设置引脚 PA10
GPIO_Initure.Mode=GPIO_MODE_AF_INPUT;            //设置为复用输入模式
HAL_GPIO_Init(GPIOA,&GPIO_Initure);              //初始化引脚 PA10
```

④ 开启串口相关中断，配置串口中断优先级。

在 HAL 库中，定义一个使能串口中断的标识符__HAL_UART_ENABLE_IT，可以将其当成一个函数来使用。例如，开启接收完成中断的代码如下。

```
__HAL_UART_ENABLE_IT(huart,UART_IT_RXNE);  //开启接收完成中断
```

关闭接收完成中断的代码如下。

```
__HAL_UART_DISABLE_IT(huart,UART_IT_RXNE); //关闭接收完成中断
```

中断优先级配置的代码如下。

```
HAL_NVIC_EnableIRQ(USART1_IRQn);                 //使能 USART1 中断通道
HAL_NVIC_SetPriority(USART1_IRQn,3,3);           //抢占优先级 3，子优先级 3
```

⑤ 编写中断服务函数。

串口 1 的中断服务函数如下。

```
void USART1_IRQHandler(void) ;
```

当发生中断时，程序就会执行中断服务函数。在中断服务函数中编写相应的逻辑代码即可。

⑥ 串口数据发送与接收。

通过 HAL 库操作 USART_DR 寄存器发送数据的函数如下。

```
HAL_StatusTypeDef  HAL_UART_Transmit(UART_HandleTypeDef  *huart,uint8_t
*pData, uint16_t Size, uint32_t Timeout);
```

通过该函数向串口寄存器 USART_DR 写入数据。

通过 HAL 库操作 USART_DR 寄存器读取串口接收数据的函数如下。

```
HAL_StatusTypeDef  HAL_UART_Receive(UART_HandleTypeDef  *huart,uint8_t
*pData, uint16_t Size, uint32_t Timeout);
```

通过该函数可以读取串口接收到的数据。

串口中断方式发送函数如表 4-1 所示。

表 4-1 串口中断方式发送函数

串口中断方式发送函数：HAL_UART_Transmit_IT	
函数原型	HAL_StatusTypeDef HAL_UART_Transmit_IT (UART_HandleTypeDef *huart,uint8_*pData,uint16_t Size)
功能描述	在中断方式下，发送一定数量的数据
入口参数 1	huart：串口句柄的地址
入口参数 2	pData：待发送数据的首地址
入口参数 3	Size：待发送数据的个数

（续表）

串口中断方式发送函数：HAL_UART_Transmit_IT	
返回值	HAL 状态值：HAL_OK 表示发送成功；HAL_ERROR 表示参数错误 HAL_BUSY 表示串口被占用
注意事项	① 函数将使能串口发送中断 ② 函数将置位 TXEIE 和 TCIE，使能发送数据寄存器空中断和发送完成中断。完成指定数量的数据发送后，将会关闭发送中断，即清零 TXEIE 和 TCIE。因此用户在采用中断方式连续发送数据时，需要重复调用该函数，以便重新开启发送中断 ③ 当指定数量的数据发送完成后，将调用发送中断回调函数 HAL_UART_TxCpltC allback()进行后续处理 ④ 该函数由用户调用

串口中断方式接收函数如表 4-2 所示。

表 4-2　串口中断方式接收函数

串口中断方式接收函数：HAL_UART_Receive_IT	
函数原型	HAL_StatusTypeDef　HAL_UART_Receive_IT (UART_HandleTypeDef　*huart,uint8_*pData,uint16_t Size)
功能描述	在中断方式下接收一定数量的数据
入口参数 1	huart：串口句柄的地址
入口参数 2	pData：待接收数据的首地址
入口参数 3	Size：待接收数据的个数
返回值	HAL 状态值：HAL_OK 表示接收成功；HAL_ERROR 表示参数错误 HAL_BUSY 表示串口被占用
注意事项	① 函数将使能串口接收中断 ② 函数将置位 RXNEIE，使能接收数据寄存器非空中断 RXNE。在完成指定数量的数据接收后，将会关闭接收中断，即将 RXNEIE 位清零。因此用户在采用中断方式连续接收数据时，需要重复调用该函数，以重新开启接收中断 ③ 当指定数量的数据接收完成后，将调用接收中断回调函数 HAL_UART_RxCpltC allback()进行后续处理 ④ 该函数由用户调用

串口发送中断回调函数如表 4-3 所示。

表 4-3　串口发送中断回调函数

串口发送中断回调函数：HAL_UART_TxCpltCallback	
函数原型	void HAL_UART_TxCpltCallback(UART_HandleTypeDef　*huart)
功能描述	用于处理所有串口的发送中断，用户在该函数中编写实际任务的处理程序
入口参数	huart：串口句柄的地址
返回值	无
注意事项	① 函数由串口中断通用处理函数 HAL_UART_IRQHandler()调用，完成所有串口的发送及中断任务的处理 ② 函数内部需要根据串口句柄的实例来判断是哪一个串口产生的发送中断 ③ 函数由用户根据具体的处理任务编写

串口接收中断回调函数如表 4-4 所示。

表 4-4 串口接收中断回调函数

串口接收中断回调函数 HAL_UART_RxCpltCallback	
函数原型	void HAL_UART_RxCpltCallback(UART_HandleTypeDef *huart)
功能描述	用于处理所有串口的接收中断，用户在该函数中编写实际任务的处理程序
入口参数	huart：串口句柄的地址
返回值	无
注意事项	① 函数由串口中断通用处理函数 HAL_UART_IRQHandler()调用，完成所有串口的接收中断任务处理 ② 函数内部需要根据串口句柄的实例来判断是哪一个串口产生的接收中断 ③ 函数由用户根据具体的处理任务编写

串口中断使能函数如表 4-5 所示。

表 4-5 串口中断使能函数

串口中断使能函数：HAL_UART_ENABLE_IT	
函数原型	_HAL_UART_ENABLE_IT(_HANDLE_,_INTERRUPT_)
功能描述	使能对应的串口中断类型
参数 1	_HANDLE_：串口句柄的地址
参数 2	_INTERRUPT_：串口中断类型，该参数 4 个常用的取值如下 ① UART_IT_TXE：发送数据寄存器空中断 ② UART_IT_TC：发送完成中断 ③ UART_IT_RXNE：接收数据寄存器非空中断 ④ UART_IT_IDLE：线路空闲中断
返回值	无
注意事项	① 该函数是宏函数，进行宏替换，不发生函数调用 ② 函数需要由用户调用，用于使能对应的串口中断类型

串口中断标志查询函数如表 4-6 所示。

表 4-6 串口中断标志查询函数

串口中断标志查询函数：HAL_UART_GET_FLAG	
函数原型	_HAL_UART_GET_FLAG (_HANDLE_,__INTERRUPT_)
功能描述	查询对应的串口中断标志
参数 1	_HANDLE_：串口句柄的地址
参数 2	_INTERRUPT_：串口中断类型，该参数 4 个常用的取值如下 ① UART_IT_TXE：发送数据寄存器空中断 ② UART_IT_TC：发送完成中断 ③ UART_IT_RXNE：接收数据寄存器非空中断 ④ UART_IT_IDLE：线路空闲中断
返回值	无
注意事项	① 该函数是宏函数，进行宏替换，不发生函数调用 ② 函数需要由用户调用，用于查询对应的串口中断标志

空闲中断标志清除函数如表 4-7 所示。

表 4-7　空闲中断标志清除函数

空闲中断标志清除函数：HAL_UART_CLEAR_IDLEFLAG	
函数原型	__HAL_UART_CLEAR_IDLEFLAG (_HANDLE__)
功能描述	清除串口的空闲中断标志
参数	_HANDLE_：串口句柄的地址
返回值	无
注意事项	① 该函数是宏函数，可以进行宏替换，不发生函数调用 ② 函数需要由用户调用，用于清除对应的串口空闲中断标志

4.6　实验步骤

将“单片机应用开发资源包\实验工程（代码）（见二维码）”下面名为 model03 的工程文件夹复制到所需位置（可自定义），并将该文件夹重命名为 model04（可自定义）。

4.6.1　修改 led.c 函数，添加 LED9 的初始化配置

打开 model04\HARDWARE 下的 led.c 文件，找到 void LED_Init(void)函数，修改后的参考代码如下。

```
Void LED_Init(void)//PE7---PE0
{
    __HAL_RCC_GPIOE_CLK_ENABLE();
    __HAL_RCC_GPIOB_CLK_ENABLE();
    GPIO_InitTypeDef GPIO_Initure;
    GPIO_Initure.Pin=GPIO_PIN_0|GPIO_PIN_1|GPIO_PIN_2|GPIO_PIN_3|GPIO_
PIN_4
                    |GPIO_PIN_5|GPIO_PIN_6|GPIO_PIN_7;
    GPIO_Initure.Mode  = GPIO_MODE_OUTPUT_PP;
    GPIO_Initure.Speed = GPIO_SPEED_FREQ_HIGH;
    HAL_GPIO_Init(GPIOE,&GPIO_Initure);

    GPIO_Initure.Pin   = GPIO_PIN_8;
    //GPIO_Initure.Mode  = GPIO_MODE_OUTPUT_PP;
    //GPIO_Initure.Speed = GPIO_SPEED_FREQ_HIGH;
    HAL_GPIO_Init(GPIOB,&GPIO_Initure);

    HAL_GPIO_WritePin(GPIOE,GPIO_PIN_0,GPIO_PIN_SET);
    HAL_GPIO_WritePin(GPIOE,GPIO_PIN_1,GPIO_PIN_SET);
    HAL_GPIO_WritePin(GPIOE,GPIO_PIN_2,GPIO_PIN_SET);
```

```
    HAL_GPIO_WritePin(GPIOE,GPIO_PIN_3,GPIO_PIN_SET);
    HAL_GPIO_WritePin(GPIOE,GPIO_PIN_4,GPIO_PIN_SET);
    HAL_GPIO_WritePin(GPIOE,GPIO_PIN_5,GPIO_PIN_SET);
    HAL_GPIO_WritePin(GPIOE,GPIO_PIN_6,GPIO_PIN_SET);
    HAL_GPIO_WritePin(GPIOE,GPIO_PIN_7,GPIO_PIN_SET);

    HAL_GPIO_WritePin(GPIOB,GPIO_PIN_8,GPIO_PIN_SET);
}
```

4.6.2 编写 usart.c 和 usart.h 文件

文件 usart.c 的参考代码如下。

```
//#include "stdio.h"
#include "usart.h"
//加入以下代码，支持 printf 函数，而不需要选择 use MicroLIB
#if 1
#pragma import(__use_no_semihosting)
//标准库需要的支持函数
struct __FILE
{
    int handle;
};

FILE __stdout;
//定义_sys_exit()，以免使用半主设备模式
void _sys_exit(int x)
{
    x = x;
}
//重定义 fputc 函数
int fputc(int ch, FILE *f)
{
    while((USART1->SR&0X40)==0);      //循环发送，直到发送完毕
   USART1->DR = (u8) ch;
    return ch;
}
#endif
//USART1 中断服务程序
//注意，读取 USARTx->SR，避免错误
uint8_t USART_RX_BUF[USART_MAX_LEN];//接收缓冲，最大为 USART_REC_LEN 字节
```

```
//接收状态
//bit15，    接收完成标志
//bit14，    接收 0x0d
//bit13～0，接收的有效字节数
u16 USART_RX_STA = 0;                          //接收状态标志

u8 aRxBuffer[RXBUFFERSIZE];                    //HAL 库使用的串口接收缓冲

UART_HandleTypeDef UART1_Handler;              //UART 句柄

//初始化 USART1
//bound:波特率
void USART_Init(u32 bound)
{
    //UART 初始化设置
    UART1_Handler.Instance=USART1;                        //USART1
    UART1_Handler.Init.BaudRate=bound;                    //波特率
    UART1_Handler.Init.WordLength=UART_WORDLENGTH_8B;//字长为8位数据格式
    UART1_Handler.Init.StopBits=UART_STOPBITS_1;          //一个停止位
    UART1_Handler.Init.Parity=UART_PARITY_NONE;           //无奇偶校验位
    UART1_Handler.Init.HwFlowCtl=UART_HWCONTROL_NONE;//无硬件流控
    UART1_Handler.Init.Mode=UART_MODE_TX_RX;              //收发模式
    HAL_UART_Init(&UART1_Handler);              //HAL_UART_Init()使能 UART1

    HAL_UART_Receive_IT(&UART1_Handler, (u8 *)aRxBuffer, RXBUFFERSIZE);
//该函数会开启接收中断，即标志位 UART_IT_RXNE，并且设置接收缓冲及接收缓冲接收的最大数据量

}

//UART 底层初始化，时钟使能，引脚配置，中断配置
//此函数会被 HAL_UART_Init()调用
//huart:串口句柄

void HAL_UART_MspInit(UART_HandleTypeDef *huart)
{
    //GPIO 设置
    GPIO_InitTypeDef GPIO_Initure;

    if(huart->Instance==USART1)   //若是 USART1，则对 USART1 的 MSP 进行初始化
    {
```

```
        __HAL_RCC_GPIOA_CLK_ENABLE();                 //使能 GPIOA 时钟
        __HAL_RCC_USART1_CLK_ENABLE();                //使能 USART1 时钟
        __HAL_RCC_AFIO_CLK_ENABLE();

        GPIO_Initure.Pin=GPIO_PIN_9;                  //设置引脚 PA9
        GPIO_Initure.Mode=GPIO_MODE_AF_PP;            //复用推挽输出
        GPIO_Initure.Pull=GPIO_PULLUP;                //上拉
        GPIO_Initure.Speed=GPIO_SPEED_FREQ_HIGH;//高速
        HAL_GPIO_Init(GPIOA,&GPIO_Initure);           //初始化引脚 PA9

        GPIO_Initure.Pin=GPIO_PIN_10;                 //设置引脚 PA10
        GPIO_Initure.Mode=GPIO_MODE_AF_INPUT;         //将模式设置为复用输入模式
        HAL_GPIO_Init(GPIOA,&GPIO_Initure);           //初始化引脚 PA10

        HAL_NVIC_EnableIRQ(USART1_IRQn);              //使能 USART1 中断通道
        HAL_NVIC_SetPriority(USART1_IRQn,3,3);        //抢占优先级 3，子优先级 3

    }
}

void HAL_UART_RxCpltCallback(UART_HandleTypeDef *huart)
{
    if(huart->Instance==USART1)                           //若是 USART1
    {
        if((USART_RX_STA&0x8000)==0)                      //若接收未完成
        {
            if(USART_RX_STA&0x4000)                       //若接收到 0x0d
            {
                if(aRxBuffer[0]!=0x0a)USART_RX_STA=0;//若接收错误，重新开始
                else USART_RX_STA|=0x8000;                //接收完成
            }
            else                                          //未收到 0X0D
            {
                if(aRxBuffer[0]==0x0d)USART_RX_STA|=0x4000;
                else
                {
                    USART_RX_BUF[USART_RX_STA&0X3FFF]=aRxBuffer[0] ;
                    USART_RX_STA++;
                    if(USART_RX_STA>(USART_MAX_LEN-1))USART_RX_STA=0;
//接收数据错误，重新开始接收
```

```
                }
            }
        }


    }
}

//USART1 中断服务程序
void USART1_IRQHandler(void)
{
    u32 timeout=0;

    HAL_UART_IRQHandler(&UART1_Handler);    //调用 HAL 库中断处理公用函数

    timeout=0;
    while (HAL_UART_GetState(&UART1_Handler) != HAL_UART_STATE_READY)
//等待就绪
    {
     timeout++;                              //超时处理
     if(timeout>HAL_MAX_DELAY) break;

    }

    timeout=0;
    while(HAL_UART_Receive_IT(&UART1_Handler,    (u8    *)aRxBuffer,
RXBUFFERSIZE) != HAL_OK)//一次处理完成后，重新开启中断并设置 RxXferCount 位为 1
    {
     timeout++;                              //超时处理
     if(timeout>HAL_MAX_DELAY) break;
    }


}

void LED_by_USART(void)
{
    if((USART_RX_BUF[0]=='L' && USART_RX_BUF[1]=='E' && USART_RX_BUF[2]==
'D')||(USART_RX_BUF[0]=='l' && USART_RX_BUF[1]=='e' && USART_RX_
BUF[2]=='d'))
    {

if(((USART_RX_BUF[4]=='O')&&(USART_RX_BUF[5]=='N'))||((USART_RX_BUF[4]
```

```
=='o')&&(USART_RX_BUF[5]=='n')))
            {
                switch(USART_RX_BUF[3])
                {
                    case '1':
                        HAL_GPIO_WritePin(GPIOE,GPIO_PIN_7,GPIO_PIN_RESET);
                        break;
                    case '2':
                        HAL_GPIO_WritePin(GPIOE,GPIO_PIN_6,GPIO_PIN_RESET);
                        break;
                    case '3':
                        HAL_GPIO_WritePin(GPIOE,GPIO_PIN_5,GPIO_PIN_RESET);
                        break;
                    case '4':
                        HAL_GPIO_WritePin(GPIOE,GPIO_PIN_4,GPIO_PIN_RESET);
                        break;
                    case '5':
                        HAL_GPIO_WritePin(GPIOE,GPIO_PIN_3,GPIO_PIN_RESET);
                        break;
                    case '6':
                        HAL_GPIO_WritePin(GPIOE,GPIO_PIN_2,GPIO_PIN_RESET);
                        break;
                    case '7':
                        HAL_GPIO_WritePin(GPIOE,GPIO_PIN_1,GPIO_PIN_RESET);
                        break;
                    case '8':
                        HAL_GPIO_WritePin(GPIOE,GPIO_PIN_0,GPIO_PIN_RESET);
                        break;
                    default:
                        break;
                }
            }
            else if(((USART_RX_BUF[4]=='O')&&(USART_RX_BUF[5]=='F')&&(USART_
RX_BUF[6]=='F'))||((USART_RX_BUF[4]=='o')&&(USART_RX_BUF[5]=='f')&&(USART_
RX_BUF[6]=='f')))
            {
                switch(USART_RX_BUF[3])
                {
                    case '1':
                        HAL_GPIO_WritePin(GPIOE,GPIO_PIN_7,GPIO_PIN_SET);
                        break;
```

```
                case '2':
                    HAL_GPIO_WritePin(GPIOE,GPIO_PIN_6,GPIO_PIN_SET);
                    break;
                case '3':
                    HAL_GPIO_WritePin(GPIOE,GPIO_PIN_5,GPIO_PIN_SET);
                    break;
                case '4':
                    HAL_GPIO_WritePin(GPIOE,GPIO_PIN_4,GPIO_PIN_SET);
                    break;
                case '5':
                    HAL_GPIO_WritePin(GPIOE,GPIO_PIN_3,GPIO_PIN_SET);
                    break;
                case '6':
                    HAL_GPIO_WritePin(GPIOE,GPIO_PIN_2,GPIO_PIN_SET);
                    break;
                case '7':
                    HAL_GPIO_WritePin(GPIOE,GPIO_PIN_1,GPIO_PIN_SET);
                    break;
                case '8':
                    HAL_GPIO_WritePin(GPIOE,GPIO_PIN_0,GPIO_PIN_SET);
                    break;
                default:
                    break;
            }
        }
    }
}
```

文件 usart.h 的参考代码如下。

```
#ifndef __USART_H
#define __USART_H
#include "stdio.h"
#include "sys.h"

#define USART_MAX_LEN           200         //定义最大接收字节数为 200

#define RXBUFFERSIZE   1                    //缓存大小
extern uint8_t aRxBuffer[RXBUFFERSIZE];     //HAL 中的 USART，接收 Buffer

extern uint8_t  USART_RX_BUF[USART_MAX_LEN];
//接收缓冲，最大为 USART_REC_LEN 字节，末字节为换行符
extern uint16_t USART_RX_STA;               //接收状态标志
```

```
extern UART_HandleTypeDef UART1_Handler;    //UART句柄

void USART_Init(u32 bound);
void LED_by_USART(void);
#endif
```

4.6.3 修改 main.c 中的代码

① 在 main.c 中，增加对 usart.h 的头文件引用，即添加#include"usart.h"。

② 修改 main 函数中的代码，参考代码如下。

```
int main(void)
{
    uint8_t len;
    uint16_t times=0;

    HAL_Init();
    SystemClock_Config();
    delay_init(72);
    LED_Init();
    KEY_Init();
    EXTI_Init();
    USART_Init(115200);

    while(1)
    {
        if(USART_RX_STA&0x8000)
        {
            len=USART_RX_STA&0x3fff;          //得到此次接收到的数据长度
            printf("\r\n您发送的消息为:\r\n");
            HAL_UART_Transmit(&UART1_Handler,(uint8_t*)USART_RX_BUF,
len,1000);                                       //发送接收到的数据
            LED_by_USART();

    while(__HAL_UART_GET_FLAG(&UART1_Handler,UART_FLAG_TC)!=SET);
    //等待发送结束
            printf("\r\n\r\n");               //插入换行
            USART_RX_STA=0;
        }
        else
        {
            times++;
```

```
            if(times%200==0)
                printf("系统运行正常\r\n 请输入数据，以回车键结束\r\n");
            if(times%30==0)
                HAL_GPIO_TogglePin(GPIOB,GPIO_PIN_8);
                //LED 灯闪烁，提示系统正在运行
            delay_ms(10);
        }
    }
}
```

4.6.4　编译代码并下载验证

编译通过后，将代码下载至开发板，观察开发板上 LED 灯是否在闪烁。

使用 USB 转串口连接线，将开发板连接到计算机上，打开 XCOM 2.3 软件（该软件在“单片机应用开发资源包\软件”目录下），选择正确的串口后，会看到上位机界面中，每隔一段时间就会显示一段文字“系统运行正常，请输入数据，以回车键结束”，且在发送窗口中输入“山东师范大学”，然后单击“发送”按钮（注意，在发送数据时，需要勾选“发送新行”复选框）后，在上位机接收界面显示“您发送的消息为：山东师范大学”。上位机接收界面如图 4-6 所示。

图 4-6　上位机接收界面

若将发送消息更改为 LED2ON，则单击“发送”按钮后，上位机接收界面返回“您发送的消息为：LED2ON”，此时，观察开发板，LED2 点亮。

若将发送消息更改为LED2OFF，则单击“发送”按钮后，上位机接收界面返回“您发送的消息为：LED2OFF”，此时，观察开发板，LED2熄灭。

注意，只要发送正确格式的LED灯指令，都能正常控制LED灯的点亮/熄灭。

若发送消息“LED2ON”，则上位机接收界面如图4-7所示。

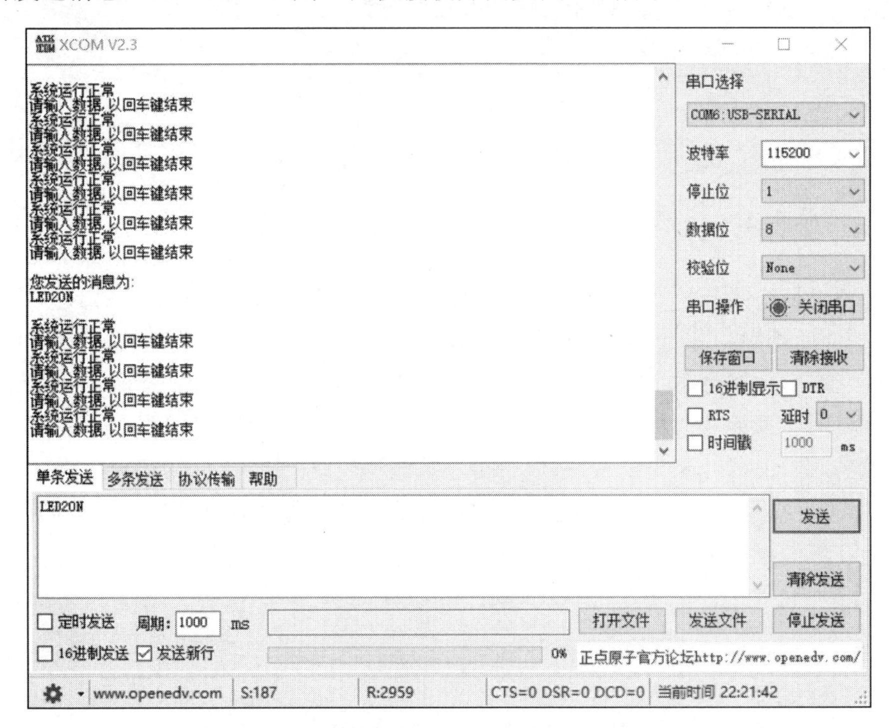

图4-7　上位机接收界面（发送消息“LED2ON”）

发送消息“LED2ON”时的开发板如图4-8所示。

图4-8　发送消息“LED2ON”时的开发板

若发送消息“LED2OFF”，则上位机接收界面如图 4-9 所示。

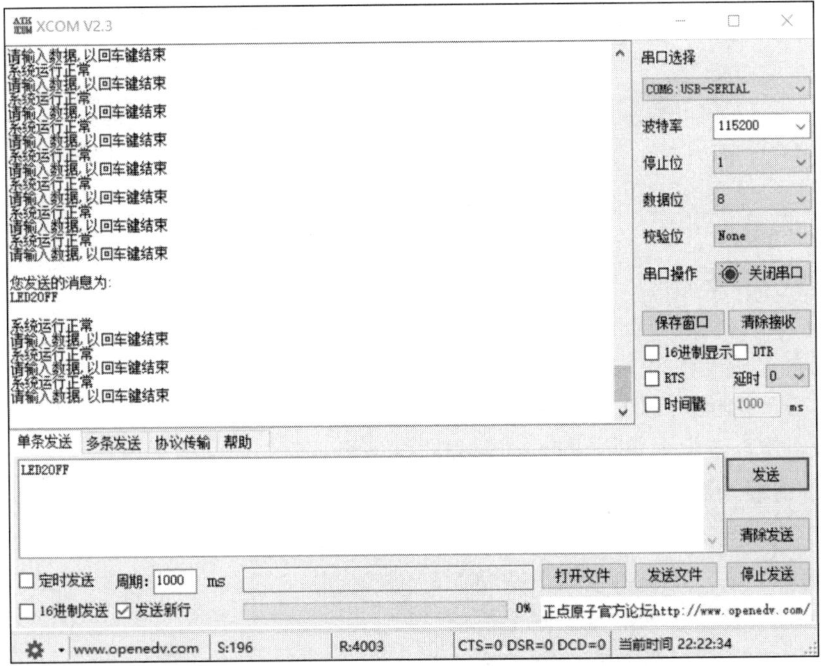

图 4-9　上位机接收界面（发送消息“LED2OFF”）

4.7　拓展提高

修改相关程序，要求不限制控制 LED 灯点亮/熄灭的串口指令的英文字母大小写，如支持“Led3On”类似格式的指令。

实验5　STM32串口DMA实验

5.1　实验要求

① 在新大陆 M3 主控模块上编写程序，实现利用串口方式与上位机进行通信交互（要求串口的接收和发送均采用 DMA 方式），系统每隔一段时间向上位机发送提示信息“系统运行正常，请输入数据或指令”，并向每条提示语句添加语句数字编号，即“系统运行正常，请输入数据或指令数字编号”。数字编号的范围是 1～10000，例如：

若第 5 次发送提示信息，则上位机需显示：

系统运行正常，请输入数据或指令 5

若第 189 次发送提示信息，则上位机显示：

系统运行正常，请输入数据或指令 189

② 能够识别上位机发送来的数据，并可以将该数据通过串口转发回去，并在上位机上显示。在系统正常运行期间，LED9 按照一定频率闪烁，提示系统正在运行。

上位机发送数据要求为：每次发送的数据总长度均不能超过 200 字节。

③ 在实现以上功能的基础上，再实现利用上位机发送指令控制开发板上 LED1～LED8 的点亮/熄灭功能。

控制 LED 灯点亮/熄灭的串口指令有以下三部分。

第一部分：LED 或者 led。

第二部分：数字 1～8，表示需要控制哪个 LED 灯。

第三部分：具体操作，点亮指令为“on”或者“ON”，熄灭指令为“off”或者“OFF”

例如：

点亮 LED1 的指令有以下格式：

```
1.LED1ON  2.LED1on  3.led1ON  4.led1on
```

熄灭 LED5 的指令有以下格式：

```
1.LED5OFF  2.LED5off  3.led5OFF  4.led5off
```

5.2　实验器材

① 新大陆 M3 主控模块。

② ST-LINK 下载器。

③ USB 转串口连接线。

5.3　实验内容

① 实现串口通信的接收和发送功能。
② 将上位机发送的数据转发回上位机。
③ 利用上位机发送通信指令至开发板，控制 LED 灯的点亮/熄灭。

5.4　实验目的

① 了解 STM32F1 系列 DMA 的原理。
② 学习 STM32 串口 DMA 方式配置的基本方法。
③ 应用 DMA 方式，掌握接收不定长数据的方法及处理技巧。

5.5　实验原理

5.5.1　STM32F1 DMA 简介

DMA 的全称为 Direct Memory Access，即直接存储器访问。DMA 传输方式无须由 CPU 直接控制传输，也没有类似中断处理方式那样保留现场和恢复现场的过程，而是通过硬件为 RAM 与 I/O 设备开辟一条直接传送数据的通路，使 CPU 的工作效率大大提高。

STM32 最多有 2 个 DMA 控制器，即 DMA1 和 DMA2，其中 DMA2 仅存在大容量产品中，DMA1 有 7 个通道，DMA2 有 5 个通道。每个通道均专门用来管理来自一个或多个外设对存储器访问的请求。

STM32 的 DMA 有以下特点。

① 每个通道都直接连接专用的硬件 DMA 请求，每个通道都同样支持软件触发。这些功能通过软件来配置。

② 请求的优先权可以通过软件编程来设置（共有 4 级：很高、高、中和低），假如在优先权相等时，由硬件决定（请求 0 优先于请求 1，依此类推）。

③ 独立的源和目标数据区的传输宽度（字节、半字、全字），模拟打包和拆包的过程。源和目标地址必须按数据传输宽度对齐。

④ 支持循环的缓冲器管理。

⑤ 每个通道都有 3 个事件标志（DMA 半传输、DMA 传输完成和 DMA 传输出错），这 3 个事件表示进行逻辑或运算，形成一个单独的中断请求。

⑥ 存储器与存储器间的传输。

⑦ 外设与存储器的传输，以及存储器与外设的传输。

⑧ 闪存、SRAM、外设的 SRAM、APB1、APB2 和 AHB 均可作为访问的源和目标。

⑨ 可编程的数据传输数目最大为 65536。

对于从外设（TIMx、ADC、SPIx、I2Cx 和 USARTx）产生的 DMA 请求，通过逻辑或输入到 DMA 控制器，这就意味着同一时刻只能有一个请求有效。对于外设的 DMA 请求，可以通过设置相应的外设寄存器中的控制位，独立地开启或关闭。各个通道下的 DMA1 请求如表 5-1 所示，各个通道下的 DMA2 请求如表 5-2 所示。

表 5-1　各个通道下的 DMA1 请求

外设	通道 1	通道 2	通道 3	通道 4	通道 5	通道 6	通道 7
ADC1	ADC1						
SPI/I^{2}S		SPI1_RX	SPI1_TX	SPI/I2S2_RX	SPI/I2S2_TX		
USART		USART3_TX	USART3_RX	USART1_TX	USART1_RX	USART2_RX	USART2_TX
I^{2}C				I2C2_TX	I2C2_RX	I2C1_TX	I2C1_RX
TIM1		TIM1_CH1	TIM1_CH2	TIM1_TX4 TIM1_TRIG TIM1_COM	TIM1_UP	TIM1_CH3	
TIM2	TIM2_CH3	TIM2_UP			TIM2_CH1		TIM2_CH2 TIM2_CH4
TIM3		TIM3_CH3	TIM3_CH4 TIM3_UP			TIM3_CH1 TIM3_TRIG	
TIM4	TIM4_CH1			TIM4_CH2	TIM4_CH3		TIM4_UP

表 5-2　各个通道下的 DMA2 请求

外设	通道 1	通道 2	通道 3	通道 4	通道 5
ADC3(1)					ADC3
SPI/I2S3	SPI/I2S3_RX	SPI/I2S3_TX			
UART4			UART4_RX		UART4_TX
SDIO(1)				SDIO	
TIM5	TIM5_CH4 TIM5_TRIG	TIM5_CH3 TIM5_UP		TIM5_CH2	TIM5_CH1
TIM6/ DAC 通道 1			TIM6_UP/ DAC 通道 1		
TIM7/ DAC 通道 2				TIM7_UP/ DAC 通道 2	
TIM8(1)	TIM8_CH3 TIM8_UP	TIM8_CH4 TIM8_TRIG TIM8_COM	TIM8_CH1		TIM8_CH2

这里解释一下上面说的逻辑或运算。例如，对通道 1 的几个 DMA1 请求（ADC1、TIM2_CH3、TIM4_CH1）进行逻辑或运算，其结果送到通道 1，这样在同一时刻只能使

用其中一个请求。其他通道也是类似的。

DMA1 请求映像如图 5-1 所示，DMA2 请求映像如图 5-2 所示。

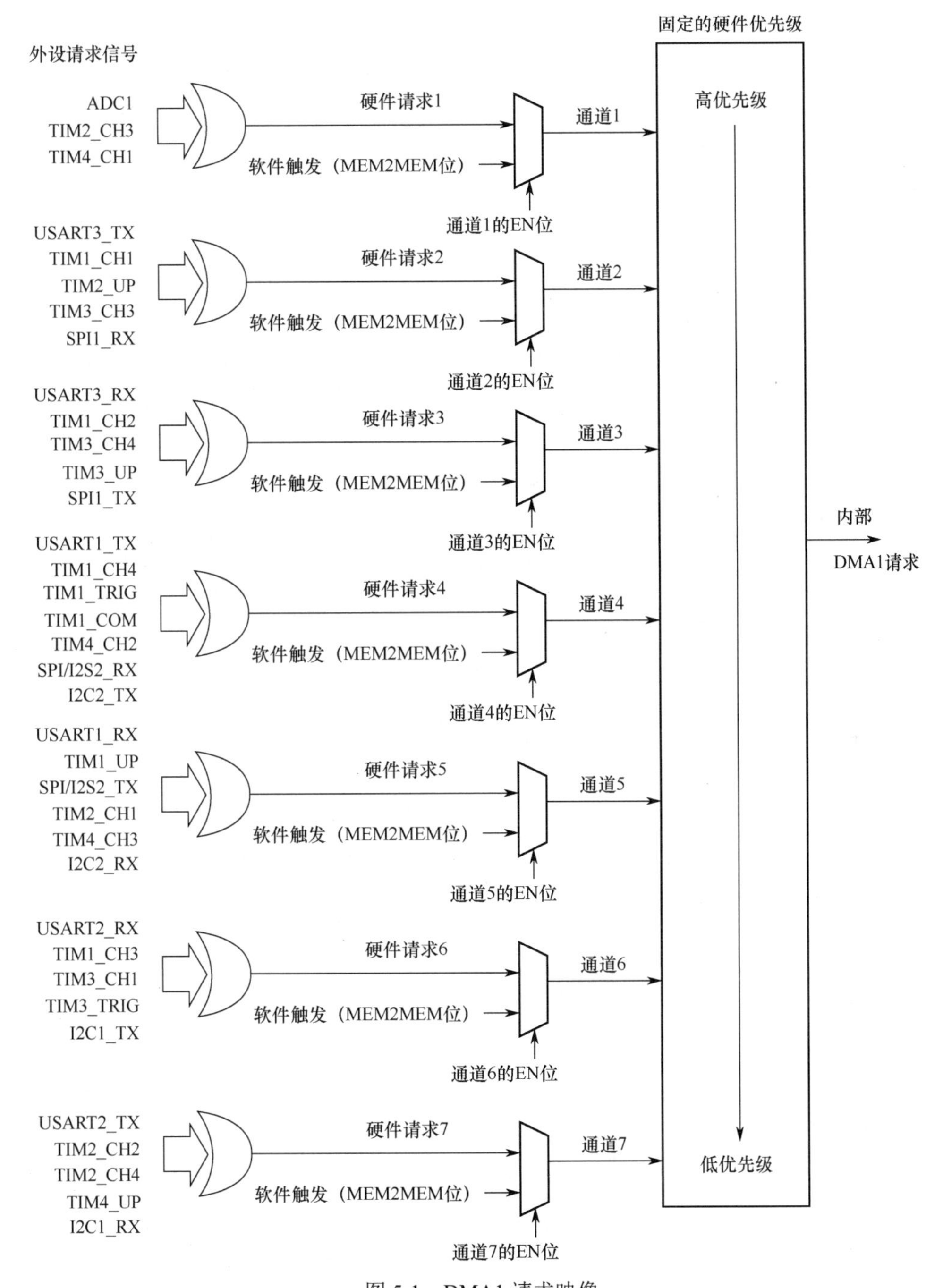

图 5-1　DMA1 请求映像

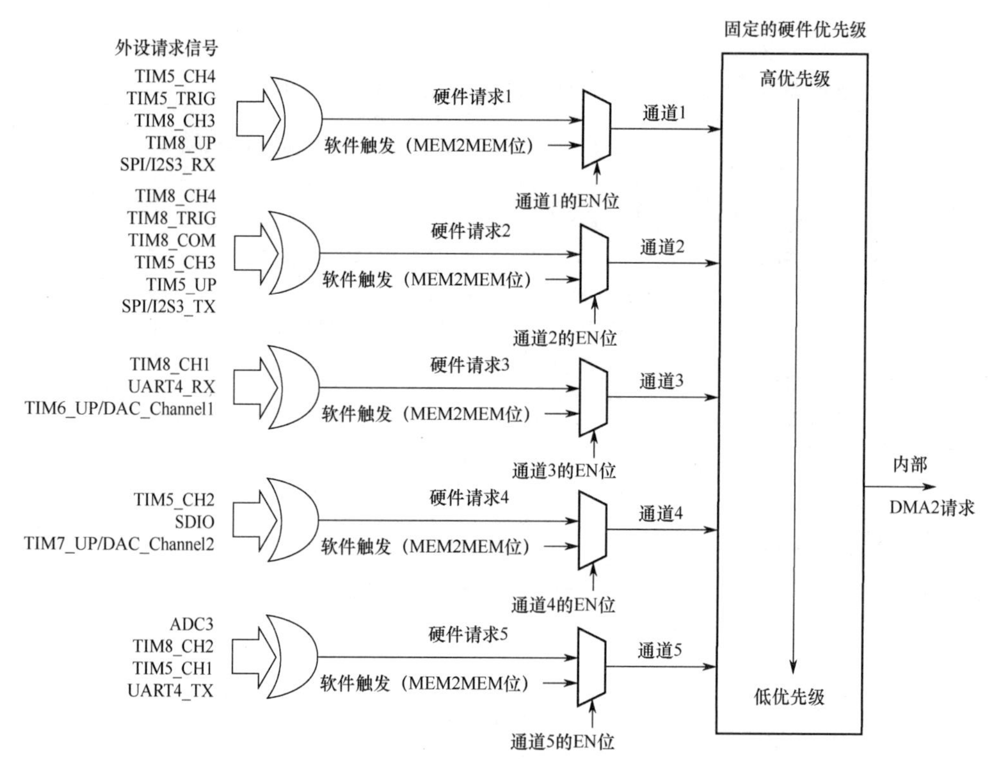

图 5-2 DMA2 请求映像

这里，使用串口 1 的 DMA 传送，也就是要用到 DMA1 的通道 4。接下来，介绍与 DMA 设置相关的几个寄存器。

① DMA 中断状态寄存器（DMA_ISR）。DMA 中断状态寄存器如图 5-3 所示。

31	30	29	28	27	26	25	24	23	22	21	20	19	18	17	16
保留				TEIF7	HTIF7	TCIF7	GIF7	TEIF6	HTIF6	TCIF6	GIF6	TEIF5	HTIF5	TCIF5	GIF5
				r	r	r	r	r	r	r	r	r	r	r	r

15	14	13	12	11	10	9	8	7	6	5	4	3	2	1	0
TEIF4	HTIF4	TCIF4	GIF4	TEIF3	HTIF3	TCIF3	GIF3	TEIF2	HTIF2	TCIF2	GIF2	TEIF1	HTIF1	TCIF1	GIF1
r	r	r	r	r	r	r	r	r	r	r	r	r	r	r	r

位	说明
位31:28	保留，始终读为0
位27，23 19，15， 11，7，3	TEIFx：通道x的传输错误标志（x＝1…7） 由硬件设置这些位。在DMA_ IFCR寄存器的相应位上写入'1'，可以清除对应的标志位 0：在通道x没有发生传输错误（TE） 1：在通道x发生了传输错误（TE）
位26，22 18，14， 10，6，2	HTIFx：通道x的半传输标志（x＝1…7） 由硬件设置这些位。在DMA_IFCR寄存器的相应位写入'1'，可以清除对应的标志位 0：在通道x没有发生半传输事件（HT） 1：在通道x发生了半传输事件（HT）
位25，21 17，13， 9，5，1	TCIFx：通道x的传输完成标志（x＝1…7） 由硬件设置这些位。在DMA_ IFCR寄存器的相应位写入'1'，可以清除对应的标志位 0：在通道x没有发生传输完成事件（TC） 1：在通道x发生了传输完成事件（TC）
位24，20 16，12， 8，4，0	GIFx：通道x的全局中断标志（x＝1…7） 由硬件设置这些位。在DMA_IFCR寄存器的相应位写入'1'，可以清除对应的标志位 0：在通道x没有发生TE、HT或TC事件 1：在通道x发生了TE、HT或TC事件

图 5-3 DMA 中断状态寄存器

若开启了 DMA_ISR 中的这些中断，则在达到中断条件后，就会跳转到中断服务函数中，即使中断没有开启，也可以通过查询这些位来获得当前 DMA 传输的状态。这里我们常用的是 TCIFx，即通道 DMA 传输完成与否的标志。注意，此寄存器为只读寄存器，所以在 TCIFx 这些位被置位后，只能通过其他的操作来清除。

② DMA 中断标志清除寄存器（DMA_IFCR）。DMA 中断标志清除寄存器如图 5-4 所示。

31	30	29	28	27	26	25	24	23	22	21	20	19	18	17	16
保留				CTEIF7	CHTIF7	CTCIF7	CGIF7	CTEIF6	CHTIF6	CTCIF6	CGIF6	CTEIF5	CHTIF5	CTCIF5	CGIF5
				rw	rw	rw	rw	rw	rw	rw	rw	rw	rw	rw	rw

15	14	13	12	11	10	9	8	7	6	5	4	3	2	1	0
CTEIF4	CHTIF4	CTCIF4	CGIF4	CTEIF3	CHTIF3	CTCIF3	CGIF3	CTEIF2	CHTIF2	CTCIF2	CGIF2	CTEIF1	CHTIF1	CTCIF1	CGIF1
rw	rw	rw	rw	rw	rw	rw	rw	rw	rw	rw	rw	rw	rw	rw	rw

位	说明
位31:28	保留，始终读为0
位27，23 19，15， 11，7，3	CTEIFx：消除通道x的传输错误标志（x = 1…7） 这些位由软件设置和消除 0：不起作用 1：消除DMA_USR寄存器中的对应TEIF标志
位26，22 18，14， 10，6，2	CHTIFx：消除通道x的半传输标志（x = 1…7） 这些位由软件设置和消除 0：不起作用 1：消除DMA_ISR寄存器中的对应HTIF标志
位25，21 17，13， 9，5，1	CTCIFx：消除通道x的传输完成标志（x = 1…7） 这些位由软件设置和消除 0：不起作用 1：消除DMA_ISR寄存器中的对应TCIF标志
位24，20 16，12， 8，4，0	CGIFx：消除通道x的全局中断标志（x = 1…7） 这些位由软件设置和消除 0：不起作用 1：消除DMA_ISR寄存器中的对应GIF、TEIF、HTIF和TCIF标志

图 5-4　DMA 中断标志清除寄存器

DMA_IFCR 各个位均是用来清除 DMA_ISR 对应位的，通过写 0 清除。在 DMA_ISR 被置位后，必须通过向该位寄存器对应的位写入 0 来清除。

③ DMA 通道 x 配置寄存器（DMA_CCRx，x=1～7，下同），见《STM32 中文参考手册》第 150 页 10.4.3 一节（见二维码）。该寄存器控制着 DMA 的很多相关信息，包括数据宽度、外设及存储器的宽度、通道优先级、增量模式、传输方向、中断允许和使能等都是通过该寄存器来设置的。所以 DMA_CCRx 是 DMA 传输的核心控制寄存器。

④ DMA 通道 x 传输数据量寄存器（DMA_CNDTRx）。该寄存器控制 DMA 通道 x 每次传输所要传输的数据量，其设置范围为 0～65535。并且该寄存器的值会随着传输的进行而减少，当该寄存器的值为 0 时，表示此次数据传输已经全部发送完成。所以可以通过该寄存器的值来获取当前 DMA 传输的进度。

⑤ DMA 通道 x 的外设地址寄存器（DMA_CPARx）。该寄存器用来存储 STM32 的外设地址，例如，若使用串口 1，则该寄存器必须写入 0x40013804（&USART1_DR）；

若使用其他外设，则修改成相应外设的地址即可。

⑥ DMA 通道 x 的存储器地址寄存器（DMA_CMARx），该寄存器的功能与 DMA_CPARx 的功能类似，但是该寄存器是用来存放存储器地址的。例如，若使用 SendBuf[5200]数组作为存储器，则在 DMA_CMARx 中写入&SendBuff 即可。

5.5.2 DMA 相关的 HAL 库函数及应用

若采用 DMA 方式发送串口 1，则属于 DMA1 的通道 4。

DMA1 通道 4 的配置步骤如下。

①使能 DMA1 时钟。

DMA 时钟使能是通过 AHB1ENR 寄存器来控制的，这里我们要先使能时钟，才可以配置 DMA 相关寄存器。HAL 库的方法如下。

```
__HAL_RCC_DMA1_CLK_ENABLE();//DMA1 时钟使能
```

DMA 某个数据流各种配置参数的初始化是通过 HAL_DMA_Init 函数实现的，该函数的声明如下。

```
HAL_StatusTypeDef HAL_DMA_Init(DMA_HandleTypeDef *hdma);
```

该函数只有一个 DMA_HandleTypeDef 结构体指针类型入口参数，其结构体定义如下。

```
typedef struct __DMA_HandleTypeDef
{
  DMA_Channel_TypeDef *Instance;
  DMA_InitTypeDef       Init;
  HAL_LockTypeDef       Lock;
  HAL_DMA_StateTypeDef  State;
  void *Parent;
  void (* XferCpltCallback)( struct __DMA_HandleTypeDef * hdma);
  void (* XferHalfCpltCallback)( struct __DMA_HandleTypeDef * hdma);
  void (* XferErrorCallback)( struct __DMA_HandleTypeDef * hdma);
  void (* XferAbortCallback)( struct __DMA_HandleTypeDef * hdma);
  __IO uint32_t ErrorCode;
  DMA_TypeDef *DmaBaseAddress;
  uint32_t ChannelIndex;
} DMA_HandleTypeDef;
```

成员变量 Instance 是用来设置寄存器基地址的。例如，若要将基地址设置为 DMA1 的通道 4，则取值为 DMA1_Channel4。

成员变量 Parent 是 HAL 库处理的中间变量，用来指向 DMA 通道外设句柄。

成员变量 XferCpltCallback（传输完成回调函数）、XferHalfCpltCallback（半传输完成回调函数）、XferAbortCallback（Memory1 传输完成回调函数）和 XferErrorCallback（传输错误回调函数）是 4 个函数指针，用来指向回调函数的入口地址。

成员变量 DmaBaseAddress 和 ChannelIndex 分别是数据流基地址和索引号，这两个变量由 HAL 库自动计算，用户无须设置。DMA_HandleTypeDef 参数说明如表 5-3 所示。

表 5-3　DMA_HandleTypeDef 参数说明

参　数	说　明
uint32_t Direction;	传输方向，如存储器到外设 DMA_MEMORY_TO_PERIPH
uint32_t PeriphInc;	外设（非）增量模式，非增量模式 DMA_PINC_DISABLE
uint32_t MemInc;	存储器（非）增量模式，增量模式 DMA_MINC_ENABLE
uint32_t PeriphDataAlignment;	外设数据大小：8/16/32 位
uint32_t MemDataAlignment;	存储器数据大小：8/16/32 位
uint32_t Mode;	模式：外设流控模式、循环模式、普通模式
uint32_t Priority;	DMA 优先级：低、中、高、非常高

DMA_HandleTypeDef 参数的具体配置（举例）如下。

```
DMA_HandleTypeDef UART1TxDMA_Handler; //DMA 通道外设句柄
UART1TxDMA_Handler.Instance= DMA1_Channel4; //通道选择
UART1TxDMA_Handler.Init.Direction=DMA_MEMORY_TO_PERIPH; //存储器到外设
UART1TxDMA_Handler.Init.PeriphInc=DMA_PINC_DISABLE; //外设非增量模式
UART1TxDMA_Handler.Init.MemInc=DMA_MINC_ENABLE; //存储器增量模式
UART1TxDMA_Handler.Init.PeriphDataAlignment=DMA_PDATAALIGN_BYTE;
//外设数据长度为 8 位
UART1TxDMA_Handler.Init.MemDataAlignment=DMA_MDATAALIGN_BYTE;
//存储器数据长度为 8 位
UART1TxDMA_Handler.Init.Mode=DMA_NORMAL; //外设普通模式
UART1TxDMA_Handler.Init.Priority=DMA_PRIORITY_MEDIUM; //中等优先级
```

注意，HAL 库为了处理各类外设 DMA 请求，在调用相关函数前，需要先调用一个宏定义标识符，用来连接 DMA 与外设句柄。例如，若要使用 DMA 串口发送，则其方式如下。

```
__HAL_LINKDMA(&UART1_Handler,hdmatx,UART1TxDMA_Handler);
```

其中，UART1_Handler 是串口初始化句柄，已经在文件 usart.c 中定义过了。UART1TxDMA_Handler 是 DMA 初始化句柄。hdmatx 是外设句柄结构体的成员变量，在这里实际就是 UART1_Handler 的成员变量。在 HAL 库中，任何一个可以使用 DMA 的外设，它的初始化结构体句柄都会有一个 DMA_HandleTypeDef 指针类型的成员变量，用于 HAL 库做相关指向的。Hdmatx 是 DMA_HandleTypeDef 结构体指针类型。

以上这条语句用于把 UART1_Handler 句柄的成员变量 hdmatx 和 DMA 句柄 UART1TxDMA_Handler 连接起来，属于纯软件操作，没有任何硬件操作。

②使能串口 1 的 DMA 发送。

在实验中，开启一次 DMA 传输的传输函数如下。

```
HAL_UART_Transmit_DMA(UART_HandleTypeDef *huart, uint8_t *pData, uint16_t Size)
```

③ DMA 中断使用方法。

DMA 中断对于每个数据流都有一个中断服务函数，如 DMA1_Channel4 的中断服务函数为 DMA1_Channel4_IRQHandler。同样，HAL 库也提供了一个通用的 DMA 中断处理函数 HAL_DMA_IRQHandler，在该函数内部，会对 DMA 传输状态进行分析，然后调用相应的中断处理回调函数。

```
void HAL_UART_TxCpltCallback(UART_HandleTypeDef *huart);//发送完成回调函数
void HAL_UART_TxHalfCpltCallback(UART_HandleTypeDef *huart);
//发送一半回调函数
void HAL_UART_RxCpltCallback(UART_HandleTypeDef *huart);//接收完成回调函数
void HAL_UART_RxHalfCpltCallback(UART_HandleTypeDef *huart);
//接收一半回调函数
void HAL_UART_ErrorCallback(UART_HandleTypeDef *huart);//传输出错回调函数
```

对于串口 DMA 开启、使能数据流、启动传输这些步骤，若使用了中断，则可以直接调用 HAL 库函数 HAL_USART_Transmit_DMA，该函数声明如下。

```
HAL_StatusTypeDef HAL_USART_Transmit_DMA(USART_HandleTypeDef *husart, uint8_t *pTxData, uint16_t Size);
```

在本实验中，不使用 HAL 库提供的回调函数，而是直接在中断处理函数中编写控制逻辑。

④ DMA 接收不定长数据。

调用函数开启串口空闲中断如下。

```
__HAL_UART_ENABLE_IT(&UART1_Handler,UART_IT_IDLE);
```

串口空闲中断是接收数据后出现 1 字节的高电平（空闲）状态，即触发空闲中断，而并不是空闲就会一直中断。准确地说，应该是上升沿（停止位）后 1 字节，若一直是低电平，则不会触发空闲中断。通俗地讲，平时不会触发，只有在接收到数据后，并检测到 1 字节的空闲状态，才会触发空闲中断。

使能串口空闲中断后，开启串口的 DMA 接收。

```
HAL_UART_Receive_DMA(&UART1_Handler,USART1_DMA_RX_BUFFER,USART1_DMA_RX_SIZE);//打开 DMA 接收，数据存入 USART1_DMA_RX_BUFFER 数组中
```

5.6 实验步骤

将“单片机应用开发资源包\实验工程（代码）（见二维码）”下面名为 model04 的工程文件夹复制到所需位置（可自定义），并将该文件夹重新命名为 model05（可自定义）。

打开 model05 目录下的工程，按照代码后的说明步骤进行实验。

5.6.1　DMA 特点及部分函数解析

直接存储器访问（DMA）：用于在外设与存储器之间及存储器与存储器之间进行高速数据传输。DMA 传输过程的初始化和启动均是由 CPU 完成的，传输过程由 DMA 控制器来执行，无须 CPU 参与，从而节省 CPU 资源，提高 CPU 利用率。DMA 数据传输具有以下 4 个要素。

① 传输源：DMA 数据传输的来源。

② 传输目标：DMA 数据传输的目的。

③ 传输数量：DMA 传输数据的数量。

④ 触发信号：启动一次 DMA 数据传输的工作。

串口 DMA 方式发送函数如表 5-4 所示。

表 5-4　串口 DMA 方式发送函数

串口 DMA 方式发送函数：HAL_UART_Transmit_DMA()	
函数原型	HAL_StatusTypeDef　HAL_UART_Transmit_DMA (UART_HandleTypeDef *huart,uint8_t *pData,uint16_t Size)
功能描述	在 DMA 方式下，发送一定数量的数据
入口参数 1	huart：串口句柄的地址
入口参数 2	pData：待发送数据的首地址
入口参数 3	Size：待发送数据的个数
返回值	HAL 状态值：HAL_OK 表示发送成功；HAL_ERROR 表示参数错误 HAL_BUSY 表示串口被占用
注意事项	① 该函数将启动 DMA 方式的串口数据发送 ② 完成指定数量的数据发送后，可以触发 DMA 中断，在中断过程中，将调用发送中断回调函数 HAL_UART_TxCpltCallback 并进行后续处理 ③ 该函数由用户调用

串口 DMA 方式接收函数如表 5-5 所示。

表 5-5　串口 DMA 方式接收函数

串口 DMA 方式接收函数：HAL_UART_Receive_DMA()	
函数原型	HAL_StatusTypeDef　HAL_UART_Receive_DMA (UART_HandleTypeDef *huart,uint8_t *pData,uint16_t Size)
功能描述	在 DMA 方式下，接收一定数量的数据
入口参数 1	huart：串口句柄的地址
入口参数 2	pData：待发送数据的首地址
入口参数 3	Size：待发送数据的个数
返回值	HAL 状态值：HAL_OK 表示发送成功；HAL_ERROR 表示参数错误 HAL_BUSY 表示串口被占用
注意事项	① 该函数将启动 DMA 方式的串口数据接收 ② 完成指定数量的数据接收后，可以触发 DMA 中断，在中断过程中，将调用发送中断回调函数 HAL_UART_RxCpltCallback 并进行后续处理 ③ 该函数由用户调用

接口函数如表 5-6 所示。

表 5-6 接口函数

获取传输数据个数函数：_HAL_DMA_GET_COUNTER()	
函数原型	_HAL_DMA_GET_COUNTER(_HANDLE_)
功能描述	获取 DMA 数据流中未传输数据的个数
参数	_HANDLE_：串口句柄的地址
返回值	无
注意事项	① 该函数是宏函数，进行宏替换，不发生函数调用 ② 该函数需要由用户调用，用于获取未传输数据的个数

5.6.2 修改文件 usart.c 及 usart.h 中的代码

文件 usart.c 中的参考代码如下。

```
//#include "stdio.h"
#include "usart.h"

//加入以下代码，支持 printf 函数，而不需要选择 use MicroLIB
#if 1
#pragma import(__use_no_semihosting)
//标准库需要的支持函数
struct __FILE
{
    int handle;
};

FILE __stdout;
//定义_sys_exit()，避免使用半主设备模式
void _sys_exit(int x)
{
    x = x;
}
//重定义 fputc 函数
int fputc(int ch, FILE *f)
{
    while((USART1->SR&0X40)==0);          //循环发送，直到发送完成
   USART1->DR = (u8) ch;
    return ch;
}
#endif

uint8_t USART_RX_BUF[USART_MAX_LEN];     //接收缓冲，最大为USART_REC_LEN字节
uint16_t USART_RX_STA = 0;               //接收状态标记
```

```
uint8_t aRxBuffer[RXBUFFERSIZE];         //HAL 库使用的串口接收缓冲
DMA_HandleTypeDef  UART1TxDMA_Handler;  //DMA 串口 1 发送句柄
DMA_HandleTypeDef  UART1RxDMA_Handler;  //DMA 串口 2 接收句柄
uint8_t USART1_DMA_TX_BUFFER[USART1_DMA_TX_SIZE];
uint8_t USART1_DMA_RX_BUFFER[USART1_DMA_RX_SIZE];

volatile uint8_t DMA_usart1_Rx_Size;
volatile uint8_t DMA_usart1_Rx_Flag = 0;
volatile uint8_t DMA_usart1_Tx_Flag = 1;

UART_HandleTypeDef UART1_Handler;        //UART 句柄

//初始化 USART1
//bound:波特率
void USART_Init(u32 bound)
{
    //UART 初始化设置
    UART1_Handler.Instance=USART1;        //USART1
    UART1_Handler.Init.BaudRate=bound; //波特率
    UART1_Handler.Init.WordLength=UART_WORDLENGTH_8B; //字长为 8 位数据格式
    UART1_Handler.Init.StopBits=UART_STOPBITS_1;      //一个停止位
    UART1_Handler.Init.Parity=UART_PARITY_NONE;       //无奇偶校验位
    UART1_Handler.Init.HwFlowCtl=UART_HWCONTROL_NONE; //无硬件流控
    UART1_Handler.Init.Mode=UART_MODE_TX_RX;          //收/发模式
    HAL_UART_Init(&UART1_Handler); //HAL_UART_Init()使能 UART1

  __HAL_UART_ENABLE_IT(&UART1_Handler,UART_IT_IDLE);//使能 IDLE 中断
    HAL_UART_Receive_DMA(&UART1_Handler,USART1_DMA_RX_BUFFER,USART1_DM
A_RX_SIZE);//打开 DMA 接收，数据存入 USART1_DMA_RX_BUFFER 数组中
}

void HAL_UART_MspInit(UART_HandleTypeDef *huart)
{
   //GPIO 设置
    GPIO_InitTypeDef GPIO_Initure;

    if(huart->Instance==USART1)          //若是 USART1，则进行 USART1 MSP 初始化
    {
        __HAL_RCC_GPIOA_CLK_ENABLE();   //使能 GPIOA 时钟
        __HAL_RCC_USART1_CLK_ENABLE(); //使能 USART1 时钟
        __HAL_RCC_AFIO_CLK_ENABLE();

        GPIO_Initure.Pin=GPIO_PIN_9;     //设置引脚 PA9
```

```
        GPIO_Initure.Mode=GPIO_MODE_AF_PP;          //复用推挽输出
        GPIO_Initure.Pull=GPIO_PULLUP;              //上拉
        GPIO_Initure.Speed=GPIO_SPEED_FREQ_HIGH;    //高速
        HAL_GPIO_Init(GPIOA,&GPIO_Initure);         //初始化引脚 PA9

        GPIO_Initure.Pin=GPIO_PIN_10; //PA10
        GPIO_Initure.Mode=GPIO_MODE_AF_INPUT;  //模式要设置为复用输入模式
        HAL_GPIO_Init(GPIOA,&GPIO_Initure);    //初始化引脚 PA10
        __HAL_RCC_DMA1_CLK_ENABLE();           //DMA1 时钟使能
UART1RxDMA_Handler.Instance=DMA1_Channel5;
//通道选择
        UART1RxDMA_Handler.Init.Direction=DMA_PERIPH_TO_MEMORY;
//存储器到外设
        UART1RxDMA_Handler.Init.PeriphInc=DMA_PINC_DISABLE;
//外设非增量模式
        UART1RxDMA_Handler.Init.MemInc=DMA_MINC_ENABLE;
//存储器增量模式
        UART1RxDMA_Handler.Init.PeriphDataAlignment=DMA_PDATAALIGN_BYTE;
//外设数据长度为 8 位
        UART1RxDMA_Handler.Init.MemDataAlignment=DMA_MDATAALIGN_BYTE;
//存储器数据长度为 8 位
        UART1RxDMA_Handler.Init.Mode=DMA_NORMAL;         //外设普通模式
        UART1RxDMA_Handler.Init.Priority=DMA_PRIORITY_HIGH;//高优先级
        HAL_DMA_DeInit(&UART1RxDMA_Handler);
        HAL_DMA_Init(&UART1RxDMA_Handler);
        __HAL_LINKDMA(&UART1_Handler,hdmarx,UART1RxDMA_Handler);
//将 DMA 与 USART1 联系起来(接收 DMA)
        UART1TxDMA_Handler.Instance=DMA1_Channel4;      //通道选择
        UART1TxDMA_Handler.Init.Direction=DMA_MEMORY_TO_PERIPH;
//存储器到外设
        UART1TxDMA_Handler.Init.PeriphInc=DMA_PINC_DISABLE;
//外设非增量模式
        UART1TxDMA_Handler.Init.MemInc=DMA_MINC_ENABLE; //存储器增量模式
        UART1TxDMA_Handler.Init.PeriphDataAlignment=DMA_PDATAALIGN_BYTE;
//外设数据长度为 8 位
        UART1TxDMA_Handler.Init.MemDataAlignment=DMA_MDATAALIGN_BYTE;
//存储器数据长度为 8 位
        UART1TxDMA_Handler.Init.Mode=DMA_NORMAL;         //外设普通模式
        UART1TxDMA_Handler.Init.Priority=DMA_PRIORITY_HIGH; //高优先级

        HAL_DMA_DeInit(&UART1TxDMA_Handler);
        HAL_DMA_Init(&UART1TxDMA_Handler);
```

```
        __HAL_LINKDMA(&UART1_Handler,hdmatx,UART1TxDMA_Handler);
  //将 DMA 与 USART1 联系起来(发送 DMA)
        HAL_NVIC_EnableIRQ(USART1_IRQn);         //使能 USART1 中断通道
        HAL_NVIC_SetPriority(USART1_IRQn,1,1); //抢占优先级 0，子优先级 0

        HAL_NVIC_EnableIRQ(DMA1_Channel4_IRQn);         //
        HAL_NVIC_SetPriority(DMA1_Channel4_IRQn,2,2);  //
    }
}

void USART1_IRQHandler(void)
{
    if(__HAL_UART_GET_FLAG(&UART1_Handler,UART_FLAG_IDLE)!=RESET)
    {
        __HAL_UART_CLEAR_IDLEFLAG(&UART1_Handler);
        DMA_usart1_Rx_Size=USART1_DMA_RX_SIZE-__HAL_DMA_GET_COUNTER
(&UART1RxDMA_Handler);

        HAL_UART_DMAStop(&UART1_Handler);
        for(uint8_t k=0;k<DMA_usart1_Rx_Size;k++)
        {
            USART_RX_BUF[k] = USART1_DMA_RX_BUFFER[k];
        }
        DMA_usart1_Rx_Flag = 1;
        HAL_UART_Receive_DMA(&UART1_Handler,USART1_DMA_RX_BUFFER,
USART1_DMA_RX_SIZE);
    }

    HAL_UART_IRQHandler(&UART1_Handler);
}

void DMA1_Channel4_IRQHandler(void)
{
    if(__HAL_DMA_GET_FLAG(&UART1TxDMA_Handler,DMA_FLAG_TC4)!=RESET)
    {
        __HAL_DMA_CLEAR_FLAG(&UART1TxDMA_Handler,DMA_FLAG_TC4);
        DMA_usart1_Tx_Flag = 1;
    }
    if(__HAL_DMA_GET_FLAG(&UART1TxDMA_Handler,DMA_FLAG_HT4)!=RESET)
    {
        __HAL_DMA_CLEAR_FLAG(&UART1TxDMA_Handler,DMA_FLAG_HT4);
    }
    if(__HAL_DMA_GET_FLAG(&UART1TxDMA_Handler,DMA_FLAG_TE4)!=RESET)
```

```
        {
            __HAL_DMA_CLEAR_FLAG(&UART1TxDMA_Handler,DMA_FLAG_TE4);
        }
        HAL_DMA_IRQHandler(&UART1TxDMA_Handler);
    }

    void USER_DMA_send(uint8_t *buf,uint8_t len)
    {
        if( 1 == DMA_usart1_Tx_Flag)
        {
            HAL_UART_Transmit_DMA(&UART1_Handler,buf,len);
            DMA_usart1_Tx_Flag=0;
        }
    }
    void LED_by_USART(void)
    {
        if((USART_RX_BUF[0]=='L' && USART_RX_BUF[1]=='E' && USART_RX_
BUF[2]=='D')||(USART_RX_BUF[0]=='l' && USART_RX_BUF[1]==
'e' && USART_RX_BUF[2]=='d'))
        {
            if(((USART_RX_BUF[4]=='O')&&(USART_RX_BUF[5]=='N'))||
((USART_RX_BUF[4]=='o')&&(USART_RX_BUF[5]=='n')))
            {
                switch(USART_RX_BUF[3])
                {
                    case '1':
                        HAL_GPIO_WritePin(GPIOE,GPIO_PIN_7,GPIO_PIN_RESET);
                        break;
                    case '2':
                        HAL_GPIO_WritePin(GPIOE,GPIO_PIN_6,GPIO_PIN_RESET);
                        break;
                    case '3':
                        HAL_GPIO_WritePin(GPIOE,GPIO_PIN_5,GPIO_PIN_RESET);
                        break;
                    case '4':
                        HAL_GPIO_WritePin(GPIOE,GPIO_PIN_4,GPIO_PIN_RESET);
                        break;
                    case '5':
                        HAL_GPIO_WritePin(GPIOE,GPIO_PIN_3,GPIO_PIN_RESET);
                        break;
                    case '6':
                        HAL_GPIO_WritePin(GPIOE,GPIO_PIN_2,GPIO_PIN_RESET);
                        break;
```

```
                case '7':
                    HAL_GPIO_WritePin(GPIOE,GPIO_PIN_1,GPIO_PIN_RESET);
                    break;
                case '8':
                    HAL_GPIO_WritePin(GPIOE,GPIO_PIN_0,GPIO_PIN_RESET);
                    break;
                default:
                    break;
            }
        }
        else if(((USART_RX_BUF[4]=='O')&&(USART_RX_BUF[5]=='F')&&
(USART_RX_BUF[6]=='F'))||((USART_RX_BUF[4]=='o')&&(USART_RX_BUF[5]==
'f')&&(USART_RX_BUF[6]=='f')))
        {
            switch(USART_RX_BUF[3])
            {
                case '1':
                    HAL_GPIO_WritePin(GPIOE,GPIO_PIN_7,GPIO_PIN_SET);
                    break;
                case '2':
                    HAL_GPIO_WritePin(GPIOE,GPIO_PIN_6,GPIO_PIN_SET);
                    break;
                case '3':
                    HAL_GPIO_WritePin(GPIOE,GPIO_PIN_5,GPIO_PIN_SET);
                    break;
                case '4':
                    HAL_GPIO_WritePin(GPIOE,GPIO_PIN_4,GPIO_PIN_SET);
                    break;
                case '5':
                    HAL_GPIO_WritePin(GPIOE,GPIO_PIN_3,GPIO_PIN_SET);
                    break;
                case '6':
                    HAL_GPIO_WritePin(GPIOE,GPIO_PIN_2,GPIO_PIN_SET);
                    break;
                case '7':
                    HAL_GPIO_WritePin(GPIOE,GPIO_PIN_1,GPIO_PIN_SET);
                    break;
                case '8':
                    HAL_GPIO_WritePin(GPIOE,GPIO_PIN_0,GPIO_PIN_SET);
                    break;
                default:
                    break;
            }
```

```
        }
    }
}
```

其中，中断服务函数 DMA1_Channel4_IRQHandler 和 USART1_IRQHandler 均采用直接在中断服务函数内部编写处理函数或逻辑控制代码的方法，而不使用 HAL 库函数提供的回调函数。

文件 usart.h 中的参考代码如下。

```
#ifndef __USART_H
#define __USART_H
#include "stdio.h"
#include "sys.h"
#define USART_MAX_LEN  200                          //定义最大接收字节数为200
#define RXBUFFERSIZE 1                              //缓存大小
extern uint8_t aRxBuffer[RXBUFFERSIZE];             //HAL库USART接收Buffer
extern uint8_t  USART_RX_BUF[USART_MAX_LEN];
//接收缓冲，最大为USART_REC_LEN字节，末字节为换行符
extern uint16_t USART_RX_STA;                       //接收状态标记
extern UART_HandleTypeDef UART1_Handler;            //UART句柄
#define USART1_DMA_TX_SIZE 200
extern uint8_t USART1_DMA_TX_BUFFER[USART1_DMA_TX_SIZE];
#define USART1_DMA_RX_SIZE 200
extern uint8_t USART1_DMA_RX_BUFFER[USART1_DMA_RX_SIZE];

extern volatile uint8_t DMA_usart1_Rx_Size;
extern volatile uint8_t DMA_usart1_Rx_Flag;
extern volatile uint8_t DMA_usart1_Tx_Flag;

void USART_Init(u32 bound);
void LED_by_USART(void);
void USER_DMA_send(uint8_t *buf,uint8_t len);
#endif
```

5.6.3 修改 main.c 中 main 函数代码

main 函数参考代码如下。

```
int main(void)
{
    uint8_t len;
    uint16_t times=0;
    uint16_t cntt=0;

   HAL_Init();
```

```
    SystemClock_Config();
    delay_init(72);
    LED_Init();
    KEY_Init();
    EXTI_Init();
    USART_Init(115200);

    while(1)
    {
        if(DMA_usart1_Rx_Flag==1)
        {
            DMA_usart1_Rx_Flag=0;
            LED_by_USART();
            len=DMA_usart1_Rx_Size;
            for(uint8_t m=0;m<len;m++)
            {
                USART1_DMA_TX_BUFFER[m] = USART_RX_BUF[m];
            }
USER_DMA_send(USART1_DMA_TX_BUFFER,len);
        }
        else
        {
            times++;
            if(times%300==0)
            {
                cntt++;
                printf("系统运行正常，请输入数据或指令  %d  \r\n",cntt);
                if(cntt==10000)
                    cntt=0;
            }
            if(times%80==0)
HAL_GPIO_TogglePin(GPIOB,GPIO_PIN_8);
            delay_ms(5);
        }
    }
}
```

5.6.4　编译代码并下载验证

编译通过后，将代码下载至开发板，观察开发板上 LED9 正在闪烁，提示系统正在运行。

使用 USB 转串口连接线，将开发板连接到计算机上，打开 XCOM 2.3 软件（该软件在“单片机应用开发资源包\软件”目录下），选择正确的串口后，会看到上位机界面中，每隔一段时间显示一段文字“系统运行正常，请输入数据或指令 XX”，其中，XX 代表数字编号。

在发送窗口编辑文本，如发送“LED8ON”，接收窗口会收到“LED8ON”，且 LED8 点亮。发送“LED8OFF”，接收窗口会收到“LED8OFF”，且 LED8 熄灭。编译代码并下载验证如图 5-5 所示。

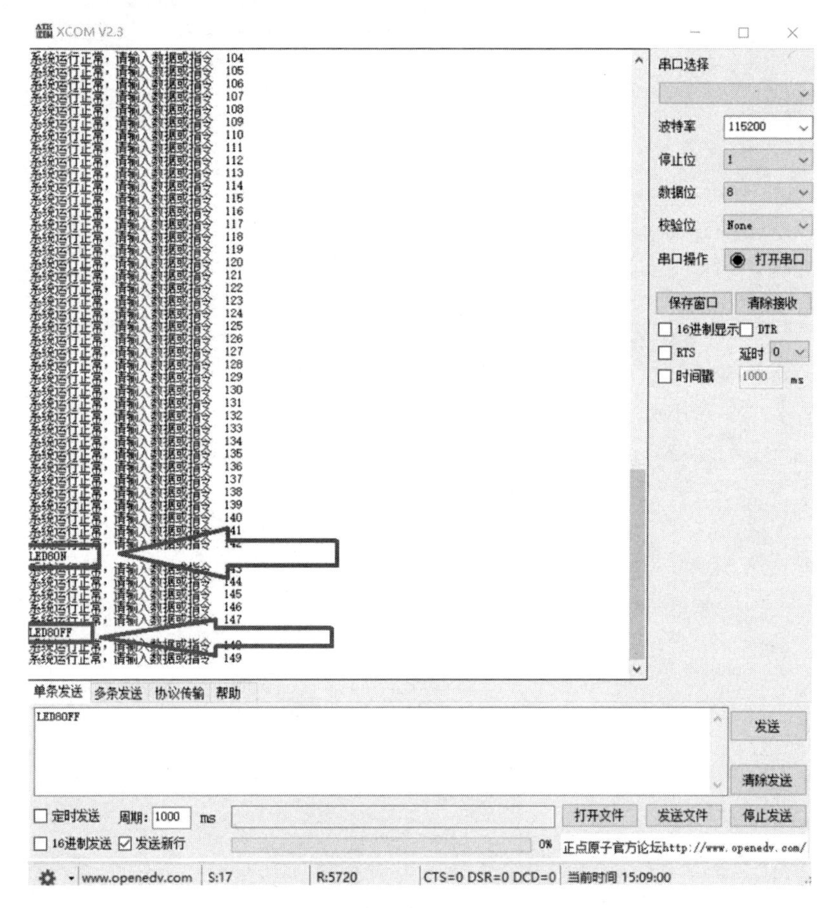

图 5-5 编译代码并下载验证

5.7 拓展提高

在本实验中，要求能够将接收到的数据转发回上位机，尝试在转发回的信息中，添加该数据长度的信息。

举例：

若接收到的信息是“great”，则返回的信息是“great 数据长度是:5”。

实验 6　STM32 定时器中断实验

6.1　实验要求

在新大陆 M3 主控模块上编写程序，实现利用定时器（本实验使用通用定时器 3）中断来控制 LED1～LED8 的点亮/熄灭，其中 LED1、LED2、LED3、LED4 为一组，LED5、LED6、LED7、LED8 为一组。两组交替闪烁，闪烁频率为 1Hz。另外，要求 LED9 按照 1Hz 的频率进行闪烁，提示系统正在运行。

6.2　实验器材

① 新大陆 M3 主控模块。
② ST-LINK 下载器。

6.3　实验内容

① 定时器定时功能。
② 定时器的中断功能。

6.4　实验目的

① 了解 STM32F1 系列定时器的原理与特性。
② 学习 STM32 通用定时器配置的基本方法。
③ 学习使用通用定时器的定时功能。
④ 学习使用通用定时器的中断功能。

6.5　实验原理

6.5.1　STM32F1 定时器简介

在 STM32F103xx 系列的 32 位 MCU 上，定时器资源十分丰富，主要包括以下内容。

① 高级定时器 TIM1/8。

② 通用定时器 TIM2～5。

③ 基本定时器 TIM6/7。

④ 实时时钟 RTC。

⑤ 独立看门狗 IWDG 和窗口看门狗 WWDG。

⑥ 系统滴答（SysTick）定时器。

高级定时器除了具有刹车输入 BKIN、互补输出 CHxN 和重复次数计数器外，与通用定时器的主要功能基本相同，两者都包含基本定时器的功能。

实时时钟具有时钟和日历的功能。独立看门狗和窗口看门狗用来检测和解决由软件错误引起的故障。STM32F103xx 定时器功能如表 6-1 所示。

表 6-1　STM32F103xx 定时器功能

主 要 特 点	基本定时器 TIM6/7	通用定时器 TIM2～5	高级定时器 TIM1/8
内部时钟来源	APB1 分频器输出	APB1 分频器输出	APB2 分频器输出
内部预分频器的位数（分频系数范围）	16 位（1～65536）	16 位（1～65536）	16 位（1～65536）
内部计数器的位数	16 位（1～65536）	16 位（1～65536）	16 位（1～65536）
更新中断和 DMA	有	有	有
计数方向	向上	向上，向下，双向	向上，向下，双向
外部事件计数	无	有	有
其他定时器触发或级联	无	有	有
4 个独立的输入捕获，输出比较通道	无	有	有
单脉冲输出方式	无	有	有
正交编码器输入	无	有	有
霍尔传感器输入	无	有	有
刹车信号输入	无	无	有
7 路含 3 对 PWM 互补输出带死区	无	无	有

6.5.2　通用定时器

STM32 通用定时器由一个通过可编程预分频器（PSC）驱动的 16 位自动装载计数器（CNT）构成。STM32 通用定时器用于测量输入信号的脉冲长度（输入捕获）或者产生输出波形（输出比较和 PWM）等。使用定时器预分频器和 RCC 时钟控制器，脉冲长度和波形周期可以在几个微秒到几个毫秒间调整。

每个 STM32 通用定时器都是完全独立的，没有互相共享任何资源。

STM32 通用 TIMx（TIM2、TIM3、TIM4 和 TIM5）定时器功能如下。

① 16 位向上、向下、向上/向下自动装载计数器（TIMx_CNT）。

② 16 位可编程（可以实时修改）预分频器（TIMx_PSC），计数器时钟频率的分频系数为 1～65535 范围为的任意数值。

③ 4 个独立通道（TIMx_CH1～4），这些通道可以完成以下功能。

- 输入捕获。
- 输出比较。
- PWM 生成（边缘或中间对齐模式）。
- 单脉冲模式输出。

④ 可使用外部信号（TIMx_ETR）控制通用定时器和通用定时器互连（可以用一个通用定时器控制另外一个通用定时器）的同步电路。

⑤ 在以下事件发生时，产生中断/DMA。

- 更新：计数器向上溢出/向下溢出，计数器初始化（通过软件或者内部/外部触发）。
- 触发事件（计数器启动、停止、初始化或者由内部 / 外部触发计数）。
- 输入捕获。
- 输出比较。
- 支持针对定位的增量（正交）编码器和霍尔传感器电路。
- 触发输入作为外部时钟或者按周期的电流管理。

6.5.3 通用定时器配置相关的 HAL 库函数

这里对使用通用定时器配置相关 HAL 库函数的操作步骤进行介绍。首先要提到的是，与通用定时器相关的库函数主要集中在 HAL 库 stm32f1xx_hal_tim.h 文件和 stm32f1xx_hal_ tim.c 文件中。通用定时器配置 HAL 库函数的步骤如下。

① TIM3 时钟使能。HAL 库中通用定时器使能是通过宏定义标识符来实现对相关寄存器操作的，具体方法如下。

```
__HAL_RCC_TIM3_CLK_ENABLE(); //使能 TIM3
```

② 初始化通用定时器参数，设置自动重装值、分频系数和计数方式等。在 HAL 库中，通用定时器的初始化参数是通过初始化函数 HAL_TIM_Base_Init 来实现的。

```
HAL_StatusTypeDef HAL_TIM_Base_Init(TIM_HandleTypeDef *htim);
```

该函数只有一个入口参数，即 TIM_HandleTypeDef 类型结构体指针，该结构体的定义如下。

```
typedef struct{
  TIM_TypeDef  *Instance;
  TIM_Base_InitTypeDef Init;
  HAL_TIM_ActiveChannel  Channel;
  DMA_HandleTypeDef  *hdma;
  HAL_LockTypeDef  Lock;
  __IO HAL_TIM_StateTypeDef  State;
}TIM_HandleTypeDef;
```

第 1 个参数 Instance 是寄存器的基地址。与串口和看门狗等外设一样，一般外设的初始化结构体定义的第一个成员变量都是寄存器基地址。这在 HAL 库中已经定义好了，例如，若要初始化高级定时器 TIM1，则将 Instance 的值设置为 TIM1 即可。

第 2 个参数 Init 为真正的初始化结构体 TIM_Base_InitTypeDef 类型，该结构体的定义如下。

```
typedef struct
{
  uint32_t Prescaler;
  uint32_t CounterMode;
  uint32_t Period;
  uint32_t ClockDivision
  uint32_t RepetitionCounter;
  uint32_t AutoReloadPreload;
} TIM_Base_InitTypeDef;
```

在该初始化结构体中，参数 Prescaler 是用来设置分频系数的。参数 CounterMode 是用来设置计数方式的，可以设置为向上计数、向下计数和中央对齐计数，比较常用的是向上计数 TIM_CounterMode_Up 和向下计数 TIM_CounterMode_ Down。参数 Period 用来设置自动重载计数周期值。参数 ClockDivision 用来设置时钟分频因子，也就是通用定时器时钟频率 CK_INT 与数字滤波器所使用的采样时钟之间的分频比。参数 RepetitionCounter 用来设置重复计数器寄存器值，用于高级定时器中。

第 3 个参数 Channel 用来设置活跃通道。前面我们讲解过，每个通用定时器最多有 4 个通道用于输出比较、输入捕获等。其取值范围为 HAL_TIM_ACTIVE_CHANNEL_ 1～HAL_TIM_ACTIVE_CHANNEL_4。

第 4 个参数 hdma，在定时器使用 DMA 功能时用到。

第 5 个参数 Lock 和 State，是状态过程标识符，HAL 库用来记录和标志通用定时器处理过程。

通用定时器初始化范例如下。

```
TIM3_Handler.Instance=TIM3;                              //使用通用定时器中的 TIM3
TIM3_Handler.Init.Prescaler=7200-1;                           //分频系数
TIM3_Handler.Init.CounterMode=TIM_COUNTERMODE_UP;             //向上计数器
TIM3_Handler.Init.Period=5000-1;                              //自动装载值
TIM3_Handler.Init.ClockDivision=TIM_CLOCKDIVISION_DIV1;  //时钟分频因子
HAL_TIM_Base_Init(&TIM3_Handler);
HAL_TIM_Base_Start_IT(&TIM3_Handler);
//使能通用定时器 3 和更新中断 TIM_IT_UPDATE
```

③ 使能通用定时器更新中断，使能通用定时器。在 HAL 库中，使能通用定时器更新中断和使能通用定时器两个操作可以在函数 HAL_TIM_Base_Start_IT()中一次性完成，该函数声明如下。

```
HAL_StatusTypeDef HAL_TIM_Base_Start_IT(TIM_HandleTypeDef *htim);
```

该函数非常好理解，只有一个入口参数。调用该通用定时器后，会首先调用__HAL_TIM_ENABLE_IT 宏定义使能更新中断，然后调用宏定义__HAL_TIM_ENABLE

使能相应的通用定时器。

单独使能/关闭通用定时器中断和使能/关闭通用定时器的方法如下。

```
__HAL_TIM_ENABLE_IT(htim, TIM_IT_UPDATE);//使能句柄指定的通用定时器更新中断
__HAL_TIM_DISABLE_IT (htim, TIM_IT_UPDATE);
//关闭句柄指定的通用定时器更新中断
__HAL_TIM_ENABLE(htim);//使能句柄 htim 指定的通用定时器
__HAL_TIM_DISABLE(htim);//关闭句柄 htim 指定的通用定时器
```

④ TIM3 中断优先级设置。在通用定时器中断使能后，因为要产生中断，所以必然要设置 NVIC 相关寄存器，并设置中断优先级。之前多次讲解到中断优先级的设置，这里就不重复讲解。与串口等其他外设一样，HAL 库为通用定时器初始化定义了回调函数 HAL_TIM_Base_MspInit。

一般情况下，与 MCU 有关的时钟使能，以及中断优先级配置都会放在该回调函数内部。

函数声明如下。

```
void HAL_TIM_Base_MspInit(TIM_HandleTypeDef *htim);
```

对于该回调函数，这里我们就不做过多讲解，大家只需要重写这个函数即可。

⑤ 编写中断服务函数。最后，还要编写通用定时器中断服务函数，通过该函数来处理通用定时器产生的相关中断。通常情况下，在中断产生后，通过状态寄存器的值来判断此次产生的中断属于什么类型。然后执行相关操作，这里使用的是更新（溢出）中断，在状态寄存器 SR 的最低位。在处理完中断之后，应该向 TIM3_SR 的最低位写 0，以清除该中断标志位。与串口一样，对于通用定时器的中断，HAL 库同样封装了处理过程。这里以 TIM3 的更新中断为例进行讲解。

首先，中断服务函数是不变的，TIM3 的中断服务函数如下。

```
TIM3_IRQHandler();
```

一般情况下，在中断服务函数内部编写中断控制逻辑。但是 HAL 库定义了新的定时器中断公用处理函数 HAL_TIM_IRQHandler()，在每个通用定时器的中断服务函数内部都会调用该函数。该函数声明如下。

```
void HAL_TIM_IRQHandler(TIM_HandleTypeDef *htim);
```

而在函数 HAL_TIM_IRQHandler()内部，会对相应的中断标志位进行详细判断，在确定中断来源后，会自动清除该中断标志位，同时调用不同类型的中断回调函数。所以中断控制逻辑只需编写在中断回调函数中，并且在中断回调函数中无须清除中断标志位。

通用定时器更新中断回调函数如下。

```
void HAL_TIM_PeriodElapsedCallback(TIM_HandleTypeDef *htim);
```

与串口中断回调函数一样，只需重写该函数即可。对于其他类型中断，HAL 库同样提供了几个不同的回调函数，常用的几个回调函数如下。

```
void HAL_TIM_PeriodElapsedCallback(TIM_HandleTypeDef *htim);//更新中断
void HAL_TIM_OC_DelayElapsedCallback(TIM_HandleTypeDef *htim);//输出比较
void HAL_TIM_IC_CaptureCallback(TIM_HandleTypeDef *htim);    //输入捕获
void HAL_TIM_TriggerCallback(TIM_HandleTypeDef *htim);       //触发中断
```

通过以上几个步骤，可以实现通过使用通用定时器的更新中断来控制 LED 灯的点亮/熄灭。

6.6 实验步骤

将“单片机应用开发资源包\实验工程（代码）（见二维码）”下面名为 model05 的工程文件夹复制到所需位置（可自定义），并将该文件夹重新命名为 model06（可自定义）。

打开 model06 目录下的工程文件，并按照下面的步骤进行操作。

新建 tim.c 文件及 tim.h 文件，并将这两个文件保存到 model06 目录下的 HARDWARE 文件夹下，并将 tim.c 文件和 tim.h 文件添加到工程中。

6.6.1 编写 tim.c 文件和 tim.h 文件

文件 tim.c 的参考代码如下。

```
#include "tim.h"
#include "led.h"

TIM_HandleTypeDef TIM3_Handler;
volatile uint32_t timer3_count=0;

void TIMER_Init(void)
{
    TIM3_Handler.Instance=TIM3;                                  //TIM3
    TIM3_Handler.Init.Prescaler=7200-1;                          //分频系数
    TIM3_Handler.Init.CounterMode=TIM_COUNTERMODE_UP;            //向上计数器
    TIM3_Handler.Init.Period=5000-1;                             //自动装载值
    TIM3_Handler.Init.ClockDivision=TIM_CLOCKDIVISION_DIV1;      //时钟分频因子
    HAL_TIM_Base_Init(&TIM3_Handler);

    HAL_TIM_Base_Start_IT(&TIM3_Handler);
    //使能TIM3和更新中断TIM_IT_UPDATE
}
//定时器驱动，开启时钟，设置中断优先级
//此函数会被函数HAL_TIM_Base_Init()调用
void HAL_TIM_Base_MspInit(TIM_HandleTypeDef *htim)
{
    if(htim->Instance==TIM3)
```

```
    {
        __HAL_RCC_TIM3_CLK_ENABLE();                //使能 TIM3 时钟
        HAL_NVIC_SetPriority(TIM3_IRQn,1,3);
        //设置中断优先级，抢占优先级 1，子优先级 3
        HAL_NVIC_EnableIRQ(TIM3_IRQn);              //开启 ITM3 中断
    }
}

//TIM3 中断服务函数
void TIM3_IRQHandler(void)
{
   HAL_TIM_IRQHandler(&TIM3_Handler);
}

//回调函数，通用定时器中断服务函数调用
void HAL_TIM_PeriodElapsedCallback(TIM_HandleTypeDef *htim)
{
   if(htim==(&TIM3_Handler))
   {
          HAL_GPIO_TogglePin(GPIOE,GPIO_PIN_0);
          HAL_GPIO_TogglePin(GPIOE,GPIO_PIN_1);
          HAL_GPIO_TogglePin(GPIOE,GPIO_PIN_2);
          HAL_GPIO_TogglePin(GPIOE,GPIO_PIN_3);
          HAL_GPIO_TogglePin(GPIOE,GPIO_PIN_4);
          HAL_GPIO_TogglePin(GPIOE,GPIO_PIN_5);
          HAL_GPIO_TogglePin(GPIOE,GPIO_PIN_6);
          HAL_GPIO_TogglePin(GPIOE,GPIO_PIN_7);
HAL_GPIO_TogglePin(GPIOB,GPIO_PIN_8);    }
}
```

文件 tim.h 的参考代码如下。

```
#ifndef __TIM_H
#define __TIM_H

#include "stm32f1xx_hal.h"
#include "stm32f1xx.h"

extern volatile uint32_t timer3_count;

void TIMER_Init(void);

#endif
```

6.6.2 修改 led.c 文件中的函数

找到“void LED_Init(void)”函数，修改后的参考代码如下。

```
void LED_Init(void)//PE7---PE0
{
    __HAL_RCC_GPIOE_CLK_ENABLE();
    __HAL_RCC_GPIOB_CLK_ENABLE();
    GPIO_InitTypeDef GPIO_Initure;

    GPIO_Initure.Pin   = GPIO_PIN_0|GPIO_PIN_1|GPIO_PIN_2|GPIO_PIN_3|
GPIO_PIN_4|GPIO_PIN_5|GPIO_PIN_6|GPIO_PIN_7;
    GPIO_Initure.Mode  = GPIO_MODE_OUTPUT_PP;
    GPIO_Initure.Speed = GPIO_SPEED_FREQ_HIGH;
    HAL_GPIO_Init(GPIOE,&GPIO_Initure);
    GPIO_Initure.Pin   = GPIO_PIN_8;
    HAL_GPIO_Init(GPIOB,&GPIO_Initure);
    HAL_GPIO_WritePin(GPIOE,GPIO_PIN_0,GPIO_PIN_RESET);
    HAL_GPIO_WritePin(GPIOE,GPIO_PIN_1,GPIO_PIN_RESET);
    HAL_GPIO_WritePin(GPIOE,GPIO_PIN_2,GPIO_PIN_RESET);
    HAL_GPIO_WritePin(GPIOE,GPIO_PIN_3,GPIO_PIN_RESET);
    HAL_GPIO_WritePin(GPIOE,GPIO_PIN_4,GPIO_PIN_SET);
    HAL_GPIO_WritePin(GPIOE,GPIO_PIN_5,GPIO_PIN_SET);
    HAL_GPIO_WritePin(GPIOE,GPIO_PIN_6,GPIO_PIN_SET);
    HAL_GPIO_WritePin(GPIOE,GPIO_PIN_7,GPIO_PIN_SET);
    HAL_GPIO_WritePin(GPIOB,GPIO_PIN_8,GPIO_PIN_SET);
}
```

LED5、LED6、LED7、LED8 这 4 个 LED 灯的初始状态均为点亮状态，而 LED1、LED2、LED3、LED4 这 4 个 LED 灯的初始状态为熄灭状态。

6.6.3 修改 main.c 文件

在 main.c 文件中，增加对 tim.h 头文件的引用，即#include"tim.h"。

修改 main 函数，参考代码如下。

```
int main(void)
{
  HAL_Init();
  SystemClock_Config();
  delay_init(72);
  TIMER_Init();
  LED_Init();
  while(1)
```

```
    {
    }
}
```

6.6.4　编译代码并下载验证

编译通过后，将代码下载至开发板，观察开发板上 LED9 在闪烁，提示系统正在运行，观察其闪烁频率为 1Hz。

观察 LED1～LED4（简称 A 组）、LED5～LED8（简称 B 组），A 与 B 两组交替闪烁，两组闪烁频率一致，均为 1Hz。

6.7　拓展提高

以本实验为基础，在不使用新外设的条件下，控制 LED9 的闪烁频率分别为 2Hz、4Hz 或 10Hz，且 LED1～LED4 与 LED5～LED8 的闪烁频率仍为 1Hz。

实验 7　STM32-PWM 输出实验

7.1　实验要求

利用 STM32 定时器输出 PWM 的功能，实现 LED9 亮度的变化，实现“呼吸灯（亮–暗–亮–暗）”的效果。

7.2　实验器材

① 新大陆 M3 主控模块。
② ST-LINK 下载器。

7.3　实验内容

利用通用定时器输出 PWM 控制 LED9 亮度的变化。

7.4　实验目的

① 了解 PWM 的工作原理。
② 掌握使用定时器输出 PWM 的功能。

7.5　实验原理

7.5.1　PWM 简介

脉冲宽度调制（Pulse Width Modulation，PWM）简称脉宽调制，是利用微处理器的数字输出对模拟电路进行控制的一种非常有效的技术。简单来说，就是对脉冲宽度的控制，PWM 工作原理示意图如图 7-1 所示。

图 7-1 中，假定定时器工作在向上计数 PWM 模式 1，且当 CNT<CCRx 时，I/O 输出低电平 0；当 CNT>=CCRx 时，I/O 输出高电平 1；当 CNT=ARR 值时，CNT 重新归零，然后重新向上计数，依次循环。若改变 CCRx，则可以改变 PWM 输出的占空比；

若改变 ARR，则可以改变 PWM 输出的频率，这就是 PWM 输出工作原理。

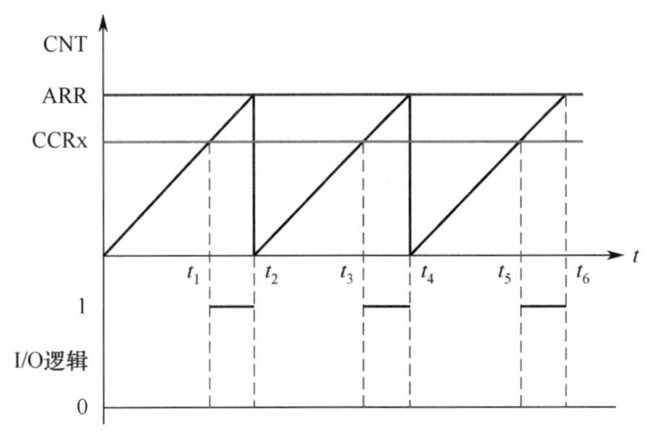

图 7-1　PWM 工作原理示意图

STM32 定时器除了 TIM6 和 TIM7，其他定时器都可以用来产生 PWM 输出。其中高级定时器 TIM1 和 TIM8 可以同时产生多达 7 路的 PWM 输出。而通用定时器也能同时产生多达 4 路的 PWM 输出，这样，STM32 最多可以同时产生 30 路的 PWM 输出。

若要使 STM32 的通用定时器 TIMx 产生 PWM 输出，除了上一章介绍的寄存器，还会用到三个寄存器来控制 PWM。这三个寄存器分别是：捕获/比较模式寄存器（TIMx_CCMR1/2）、捕获/比较使能寄存器（TIMx_CCER）、捕获/比较寄存器（TIMx_CCR1～4）。接下来简单介绍这三个寄存器。

首先是捕获/比较模式寄存器（TIMx_CCMR1/2），该寄存器总共有两个，即 TIMx_CCMR1 和 TIMx_CCMR2。TIMx_CCMR1 控制 CH1 和 CH2，而 TIMx_CCMR2 控制 CH3 和 CH4。捕获/比较模式寄存器的各个位的描述如图 7-2 所示。

15	14	13	12	11	10	9	8	7	6	5	4	3	2	1	0
OC2CE	OC2M[2:0]			OC2PE	OC2FE	CC2S[1:0]		OC1CE	OC1M[2:0]			OC1PE	OC1FE	IC1S[1:0]	
IC2F[3:0]				IC2PSC[1:0]				IC1F[3:0]				IC1PSC[1:0]			
rw	rw	rw	rw	rw	rw	rw	rw	rw	rw	rw	rw	rw	rw	rw	rw

图 7-2　捕获/比较模式寄存器的各个位的描述

捕获/比较模式寄存器的有些位在不同模式下的功能是不一样的，所以在图 7-2 中，我们把寄存器分成了两层，上面一层对应输出，而下面一层则对应输入。关于该寄存器的详细说明，请参考《STM32 中文参考手册》第 288 页中的 14.4.7 一节（见二维码）。这里我们需要说明的是模式设置位 OCxM，此设置位由 3 位组成，总共可以配置成 7 种模式，我们使用的是 PWM 模式，所以必须将这 3 位设置为 110/111。

110/111 两种 PWM 模式的区别就是输出电平的极性相反。另外，CCxS 用于设置通道的方向（输入/输出），默认设置为 0，即设置通道作为输出使用。

接下来，介绍捕获/比较使能寄存器（TIMx_CCER），该寄存器控制着各个输入/输出通道的开关。捕获/比较使能寄存器的各个位的描述如图 7-3 所示。

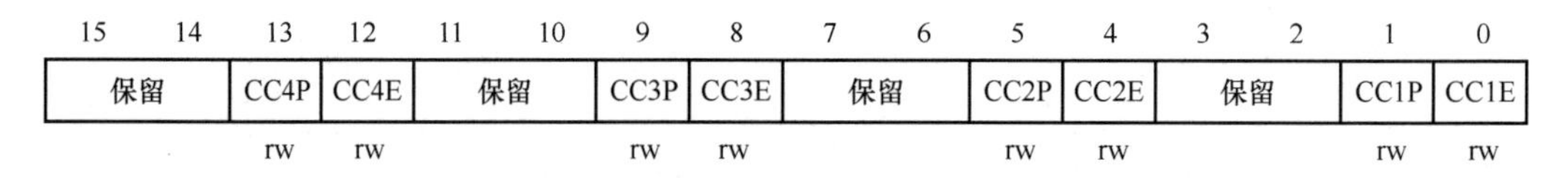

图 7-3　捕获/比较使能寄存器的各个位的描述

捕获/比较使能寄存器比较简单，我们这里只用到了 CC3E 位，该位是输入/捕获 CH3 输出使能位，若 PWM 从 I/O 口输出，则这个位必须设置为 1，所以我们需要将该位设置为 1。该寄存器更详细的介绍请参考《STM32 中文参考手册》第 292 页中的 14.4.9 一节（见二维码）。

最后，介绍捕获/比较寄存器（TIMx_CCR1～4），该寄存器总共有 4 个，对应 4 个输出通道 CH1～4。因为这 4 个寄存器的功能都差不多，所以仅以 TIMx_CCR1 为例进行介绍，TIMx_CCR1 寄存器的各个位的描述如图 7-4 所示。

15	14	13	12	11	10	9	8	7	6	5	4	3	2	1	0
CCR1[15:0]															
rw	rw	rw	rw	rw	rw	rw	rw	rw	rw	rw	rw	rw	rw	rw	rw

位15:0	CCR1[15:0]：捕获/比较1的值 若将CCR1通道配置为输出： CCR1包含了装入当前捕获/比较1寄存器的值（预装载值）。 若在TIMx_CCMR1寄存器（OC1PE位）中未选择预装载特性，则写入的数值会立即传输至当前寄存器中；否则只有当更新事件发生时，此预装载值才传输至当前捕获/比较1寄存器中。 当前捕获/比较寄存器参与同计数器TIMx_CNT的比较，并在OC1端口上产生输出信号。 若将CCR1通道配置为输入： CCR1包含了由上一次输入捕获1事件（IC1）传输的计数器值。

图 7-4　TIMx_CCR1 寄存器的各个位的描述

在输出模式下，TIMx_CCR1 寄存器的值与 CNT 值比较，根据比较结果产生相应动作。利用这一特点，通过修改该寄存器的值，即可控制 PWM 的输出脉宽。本实验中使用的是 TIM4 的 CH3，所以需要修改 TIM4_CCR3 以达到通过脉宽控制 LED9 亮度的目的。

在使用 TIM4 的 CH3 输出 PWM 来控制 LED9 亮度的过程中，因为 LED9 对应的引脚是 PB8，所以介绍 TIM4 的复用功能重映像，通过设置 TIM4_REMAP 的值来将 TIM4 的 4 个通道重映射到引脚 PD12～15。TIM4 复用功能重映像如表 7-1 所示。

表 7-1　TIM4 复用功能重映像

复用功能	TIM4_REMAP = 0	TIM4_REMAP = 1(1)
TIM4_CH1	PB6	PD12
TIM4_CH2	PB7	PD13
TIM4_CH3	PB8	PD14
TIM4_CH4	PB9	PD15

默认条件下，TIM4_REMAP[1:0]为 00，即没有重映射，所以 TIM4_CH1～TIM3_CH4 分别接在引脚 PB6、PB7、PB8 和 PB9 上。

7.5.2　PWM 设置相关的 HAL 库函数

实际上，PWM 与实验 6 一样使用的是定时器的功能，所以相关的函数设置同样在 HAL 库函数文件 stm32f1xx_hal_tim.h 和 stm32f1xx_hal_tim.c 中。

① 开启 TIM4 和 GPIO 时钟，配置引脚 PB8 选择复用功能输出。若要使用 TIM4，则必须先开启 TIM4 时钟。这里还要配置复用输出，才可以实现 TIM4_CH4 的 PWM 通过引脚 PB8 输出。HAL 库使能 TIM4 时钟和 GPIO 时钟方法如下。

```
__HAL_RCC_TIM4_CLK_ENABLE();//使能 TIM4 时钟
__HAL_RCC_GPIO_CLK_ENABLE ();//开启 GPIO 时钟
```

然后，配置 GPIO，主要通过函数 HAL_GPIO_Init 来实现。

```
GPIO_InitTypeDef GPIO_Initure;

        GPIO_Initure.Pin   = GPIO_PIN_8;
        GPIO_Initure.Mode  = GPIO_MODE_AF_PP;
        GPIO_Initure.Pull  = GPIO_PULLUP;
        GPIO_Initure.Speed = GPIO_SPEED_FREQ_HIGH;
        HAL_GPIO_Init(GPIO,&GPIO_Initure);
```

② 初始化 TIM4，设置 TIM4 的 ARR 和 PSC 等参数。根据前面的讲解，初始化定时器 ARR 和 PSC 等参数是通过函数 HAL_ TIM_Base_Init 来实现的，这里需要注意，在使用通用定时器的 PWM 输出功能时，HAL 库提供了一个独立的定时器初始化函数 HAL_TIM_ PWM_Init()，该函数的声明如下，

```
HAL_StatusTypeDef HAL_TIM_PWM_Init(TIM_HandleTypeDef *htim);
```

该函数实现的功能、使用方法与 HAL_TIM_Base_Init()都是类似的，两者的功能都是初始化通用定时器的 ARR 和 PSC 等参数。为什么 HAL 库要提供这个函数而不直接使用 HAL_TIM_ Base_Init()呢？

这是因为 HAL 库为通用定时器的 PWM 输出定义了单独的 MSP 回调函数 HAL_TIM_PWM_MspInit()，也就是说，当调用 HAL_TIM_PWM_Init()进行 PWM 初始化后，该函数内部会调用MSP回调函数HAL_TIM_PWM_MspInit()。而当使用HAL_TIM_Base_Init()初始化通用定时器参数时，其内部调用的回调函数为 HAL_TIM_Base_MspInit()，这里需要注意区分。

注意，在使用 HAL_TIM_PWM_Init()初始化通用定时器时，回调函数为 HAL_TIM_PWM_MspInit()，该函数的声明如下。

```
Void HAL_TIM_PWM_MspInit(TIM_HandleTypeDef *htim);
```

③ 设置 TIM4_CH3 的 PWM 模式，输出比较极性和比较值等参数。接下来，设置 TIM4_CH3 为 PWM 模式（默认是冻结的），因为 LED9 是低电平点亮，而我们希望当 CCR3 值较小时，LED9 变暗，当 CCR3 值较大时，LED9 变亮，所以要通过配置 TIM4_CCMR2 的相关位来控制 TIM4_CH3 模式。

在 HAL 库中，PWM 通道是通过函数 HAL_TIM_PWM_ConfigChannel()来设置的。

```
HAL_StatusTypeDef HAL_TIM_PWM_ConfigChannel(TIM_HandleTypeDef
*htim,TIM_OC_InitTypeDef* sConfig, uint32_t Channel);
```

第1个参数htim是通用定时器初始化句柄，即TIM_HandleTypeDef结构体指针类型，与函数HAL_TIM_PWM_Init()调用时参数设置一致即可。第2个参数sConfig是TIM_OC_InitTypeDef结构体指针类型，这也是该函数最重要的参数。该参数用来设置PWM输出模式、极性和比较值等重要参数。该结构体的定义如下。

```
typedef struct
{
  uint32_t OCMode;
  uint32_t Pulse;
  uint32_t OCPolarity;
  uint32_t OCNPolarity;
  uint32_t OCFastMode;
  uint32_t OCIdleState;
  uint32_t OCNIdleState;
 } TIM_OC_InitTypeDef;
```

这里重点关注该结构体的前三个成员。成员变量OCMode用来设置模式，即前面讲解的7种模式，这里设置为PWM模式1。成员变量Pulse用来设置捕获比较值。成员变量OCPolarity用来设置输出极性是高还是低。其他参数TIM、OCNPolarity、OCFastMode、OCIdleState和OCNIdleState是高级定时器才用到的。例如，初始化通用定时器TIM4的CH3为PWM模式1，输出极性为低，那么实例代码如下。

```
TIM_OC_InitTypeDef  TIM4_CH3Handler;              //TIM4 的 CH3 句柄
TIM4_CH3Handler.OCMode=TIM_OCMODE_PWM1;           //模式选择 PWM1
TIM4_CH3Handler.Pulse=249;
//设置比较值，此值用来确定占空比，默认比较值为自动重装载值的一半，即占空比为 50%
TIM4_CH3Handler.OCPolarity=TIM_OCPOLARITY_LOW; //输出比较极性为低
HAL_TIM_PWM_ConfigChannel(&TIM4_Handler,&TIM4_CH3Handler,TIM_CHANNEL_3);
//配置 TIM4 的 CH3
```

④ 使能TIM4，使能TIM4的CH3输出。在完成以上设置后，需要使能TIM4。使能TIM4的方法如下。

```
HAL_TIM_PWM_Start(&TIM4_Handler,TIM_CHANNEL_3);//开启 PWM 通道 3
```

⑤ 通过修改TIM4_CCR3来控制占空比。最后，在完成以上设置后，PWM其实已经开始进行输出了，只是其占空比和频率都是固定的，可以通过修改比较值TIM4_CCR3来控制CH3的输出占空比，继而控制LED9的亮度。

HAL库中并没有提供独立的修改占空比函数，这里我们可以编写如下这样的一个函数。

```
//设置 TIM4 的 CH3 占空比
//compare:比较值
```

```
void TIM_SetTIM4Compare3(uint32_t compare)
{
    TIM4->CCR3=compare;
}
```

7.6　实验步骤

将“单片机应用开发资源包\实验工程（代码）（见二维码）”下面名为 model06 的工程文件夹复制到所需位置（可自定义），并将该文件夹重新命名为 model07（可自定义）。

打开 model07 目录下的工程文件，并按照下面的步骤进行操作。

7.6.1　修改 tim.c 和 tim.h 文件

文件 tim.c 中的参考代码如下。

```
#include "tim.h"
#include "led.h"

TIM_HandleTypeDef TIM4_Handler;
TIM_OC_InitTypeDef  TIM4_CH3Handler;                          //TIM4 的 CH3 句柄

//TIM4 PWM 部分初始化
//Period：自动重装值
//Prescaler：时钟预分频数
//定时器溢出时间的计算方法:Tout=((Period+1)*(Prescaler+1))/Ft us
//Ft=定时器工作频率，单位:MHz
void TIM4_PWM_Init(void)
{
    TIM4_Handler.Instance=TIM4;                               //TIM4
    TIM4_Handler.Init.Prescaler=72-1;                         //通用定时器分频
    TIM4_Handler.Init.CounterMode=TIM_COUNTERMODE_UP;   //向上计数模式
    TIM4_Handler.Init.Period=500-1;                           //自动重装载值
    TIM4_Handler.Init.ClockDivision=TIM_CLOCKDIVISION_DIV1;
    HAL_TIM_PWM_Init(&TIM4_Handler);                          //初始化 PWM

    TIM4_CH3Handler.OCMode=TIM_OCMODE_PWM1;                   //模式选择 PWM1
    TIM4_CH3Handler.Pulse=249;
     //设置比较值，此值用来确定占空比，默认比较值为自动重装载值的一半，即占空比为 50%
    TIM4_CH3Handler.OCPolarity=TIM_OCPOLARITY_LOW; //输出比较极性为低
    HAL_TIM_PWM_ConfigChannel(&TIM4_Handler,&TIM4_CH3Handler,TIM_CHANNEL_3);
```

```
//配置TIM4的CH3

    HAL_TIM_PWM_Start(&TIM4_Handler,TIM_CHANNEL_3);     //开启PWM的CH3

}
//通用定时器底层驱动，时钟使能，引脚配置
//此函数会被HAL_TIM_PWM_Init()调用
//htim:通用定时器句柄
void HAL_TIM_PWM_MspInit(TIM_HandleTypeDef *htim)
{
    GPIO_InitTypeDef GPIO_Initure;

    if(htim->Instance==TIM4)
    {
        __HAL_RCC_TIM4_CLK_ENABLE();                    //使能TIM4
        __HAL_RCC_GPIOB_CLK_ENABLE();                   //开启GPIOB时钟

        GPIO_Initure.Pin   = GPIO_PIN_8;
        GPIO_Initure.Mode  = GPIO_MODE_AF_PP;
        GPIO_Initure.Pull  = GPIO_PULLUP;
        GPIO_Initure.Speed = GPIO_SPEED_FREQ_HIGH;
        HAL_GPIO_Init(GPIOB,&GPIO_Initure);
    }
}

//设置TIM4的CH3的占空比
//compare:比较值
void TIM_SetTIM4Compare3(uint32_t compare)
{
    TIM4->CCR3=compare;
}
```

文件tim.h中的参考代码如下。

```
#ifndef __TIM_H
#define __TIM_H

#include "stm32f1xx_hal.h"
#include "stm32f1xx.h"

void TIM4_PWM_Init(void);
void TIM_SetTIM4Compare3(uint32_t compare);
#endif
```

7.6.2　修改 led.c 文件中的函数 LED_Init()

因为在文件 tim.c 中，将引脚 PB8 作为 PWM 输出进行配置，所以在函数 LED_Init() 中，删除配置引脚 PB8（LED9）作为 GPIO 输出的相关代码。修改后的参考代码如下。

```
void LED_Init(void)
{
    __HAL_RCC_GPIOE_CLK_ENABLE();
    //__HAL_RCC_GPIOB_CLK_ENABLE();                        //或直接删除此行
    GPIO_InitTypeDef GPIO_Initure;

    GPIO_Initure.Pin   = GPIO_PIN_0|GPIO_PIN_1|GPIO_PIN_2|GPIO_PIN_3|
GPIO_PIN_4|GPIO_PIN_5|GPIO_PIN_6|GPIO_PIN_7;
    GPIO_Initure.Mode  = GPIO_MODE_OUTPUT_PP;
    GPIO_Initure.Speed = GPIO_SPEED_FREQ_HIGH;
    HAL_GPIO_Init(GPIOE,&GPIO_Initure);
    //GPIO_Initure.Pin   = GPIO_PIN_8;                     //或直接删除此行
    //HAL_GPIO_Init(GPIOB,&GPIO_Initure);                  //或直接删除此行
    HAL_GPIO_WritePin(GPIOE,GPIO_PIN_0,GPIO_PIN_SET);
    HAL_GPIO_WritePin(GPIOE,GPIO_PIN_1,GPIO_PIN_SET);
    HAL_GPIO_WritePin(GPIOE,GPIO_PIN_2,GPIO_PIN_SET);
    HAL_GPIO_WritePin(GPIOE,GPIO_PIN_3,GPIO_PIN_SET);
    HAL_GPIO_WritePin(GPIOE,GPIO_PIN_4,GPIO_PIN_SET);
    HAL_GPIO_WritePin(GPIOE,GPIO_PIN_5,GPIO_PIN_SET);
    HAL_GPIO_WritePin(GPIOE,GPIO_PIN_6,GPIO_PIN_SET);
    HAL_GPIO_WritePin(GPIOE,GPIO_PIN_7,GPIO_PIN_SET);
    //HAL_GPIO_WritePin(GPIOB,GPIO_PIN_8,GPIO_PIN_SET);//或直接删除此行
}
```

7.6.3　修改 main.c 函数

修改 main.c 函数，修改后的参考代码如下。

```
int main(void)
{
    uint8_t dir=1;
    uint16_t led9pwmval=0;

    HAL_Init();
    SystemClock_Config();
    delay_init(72);
    LED_Init();
    TIM4_PWM_Init();
```

```
    while(1)
    {
        delay_ms(5);
        if(dir)led9pwmval++;          //dir==1 led9pwmval 递增
        else led9pwmval--;            //dir==0 led9pwmval 递减
        if(led9pwmval>360)dir=0;      //当 led9pwmval 到达 360 后，方向为递减
        if(led9pwmval==0)dir=1;       //当 led9pwmval 递减到 0 后，方向改为递增
        TIM_SetTIM4Compare3(led9pwmval);    //修改比较值，修改占空比
    }
}
```

7.6.4 编译代码并下载验证

编译通过后，将代码下载至开发板，观察开发板上 LED9 呈现“亮–暗–亮–暗”的变化规律。

7.7 拓展提高

在本实验的基础上，仍然使用 TIM4，控制 LED9 以 1Hz 的频率进行闪烁。

实验 8　RS-485 总线通信应用 01

8.1　实验要求

利用新大陆 M3 主控模块，配合可燃气体传感器和火焰传感器，搭建一套“智能安防系统”，要求新大陆 M3 主控模块通过 USB-485 模块与 RS-485 总线连接，一个模块作为主设备（不搭载传感器），另外两个模块作为从设备（一个搭载可燃气体传感器，另一个搭载火焰传感器）。在主设备与从设备组成的系统中，使用 Modbus 通信协议。

8.2　实验器材

① 新大陆 M3 主控模块，3 块。
② ST-LINK 下载器。
③ 可燃气体传感器。
④ 火焰传感器。
⑤ USB-485 模块。

8.3　实验内容

① 搭建符合要求的硬件系统。
② 搭建 RS-485 总线。

8.4　实验目的

① 掌握总线的基本知识。
② 掌握 RS-485 总线标准的电气特性及其与 RS-422、RS-232 标准的区别。
③ 了解 Modbus 协议的基础知识。

8.5　实验原理

8.5.1　总线概述

现场总线是指应用在制造区域现场装置与控制室内自动控制装置之间的数字式串

行、多点通信的数据总线。以现场总线为技术核心的工业控制系统，称为现场总线控制系统（Fieldbus Control System，FCS）。

在计算机领域中，总线最早是指汇集在一起的多种功能的线路。经过深化与延伸后，总线是指计算机内部各模块之间或计算机之间的一种通信系统，涉及硬件（器件、线缆、电平）和软件（通信协议）。当总线被引入嵌入式系统领域后，它主要用于嵌入式系统的芯片级、板级和设备级的互连。

在总线的发展过程中，有以下三种分类方式。

① 按照传输速率分类，可分为低速总线和高速总线。

② 按照连接类型分类，可分为系统总线、外设总线和扩展总线。

③ 按照传输方式分类，可分为并行总线和串行总线。

本书主要关注计算机与嵌入式系统领域的高速串行总线技术。

8.5.2 串行通信基本知识

所谓串行通信是指外设和计算机之间，通过数据信号线、地线与控制线等，按位进行传输数据的一种通信方式。目前，常见的串行通信接口标准有 RS-232、RS-422、RS-485 等，另外 SPI（串行外设接口）、IIC（内置集成电路）和 CAN（控制器局域网）通信也属于串行通信。

在电子产品开发领域中，常见的电平信号有 TTL 电平、CMOS 电平、RS-232 电平与 USB 电平，它们对于逻辑 1 和逻辑 0 的表示标准有所不同，因此在不同器件之间进行通信时，要特别注意电平信号的电气特性。

常见的电平信号及其电气特性如表 8-1 所示。

表 8-1　常见的电平信号及其电气特性

电平信号名称	输入		输出		说明
	逻辑 1	逻辑 0	逻辑 1	逻辑 0	
TTL 电平	≥2.0V	≤0.8V	≥2.4V	≤0.4V	噪声容限较低，约为 0.4V。MCU 芯片引脚都是 TTL 电平
CMOS 电平	≥0.7Vcc	≤0.3Vcc	≥0.8Vcc	≤0.1Vcc	噪声容限高于 TTL 电平，Vcc 为供电电压
	逻辑 1		逻辑 0		
RS-232 电平	−15V ～ −3V		+3V ～ +15V		计算机的 COM 口为 RS232 电平
USB 电平	$(V_{D+}-V_{D-})$≥200m V		$(V_{D-}-V_{D+})$≥200mV		采用差分电平，四线制：V_{CC}、GND、D−和 D+

RS-232、RS-422 和 RS-485 标准最初都是由美国电子工业协会制定并发布的，RS-232 标准在 1962 年发布，其缺点是通信距离短、传输速率低，而且只能进行点对点通信，无法组建多机通信系统。另外，在工业控制环境中，基于 RS-232 标准的通信系统经常会因为外界的干扰而导致信号传输错误，以上缺点决定了 RS-232 标准无法适用于工业控制现

场总线中。

RS-422 标准是在 RS-232 基础上发展而来的，它弥补了 RS-232 标准的一些不足，为了扩展应用范围，美国电子工业协会在 1983 年发布了 RS-485 标准。RS-485 标准与 RS-422 标准相比，增加了多点、双向通信。RS-485、RS-422 与 RS-232 标准对比如表 8-2 所示。

表 8-2　RS-485、RS-422 与 RS-232 标准对比

标　　准		RS-232	RS-422	RS-485
工作方式		单端	差分	差分
节点数		1 发 1 收	1 发 10 收	1 发 32 收
最大传输电缆长度		15m	1220m	1220m
最大传输速率		20kbps	10Mbps	10Mbps
连接方式		点对点（全双工）	一点对多点（四线制，全双工）	多点对多点（两线制，半双工）
电气特性	逻辑 1	−15V ～ −3V	两线间电压差+2V～+6V	两线间电压差+2V～+6V
	逻辑 0	+3V ～ +15V	两线间电压差−2V～−6V	两线间电压差−2V～−6V

8.5.3　Modbus 通信协议

RS-485 标准只对接口的电气特性做出相关规定，却未对插接件、电缆和通信协议等进行标准化，所以用户需要在 RS-485 总线网络的基础上制定应用层通信协议。一般来说，各应用领域的 RS-485 通信协议都是指应用层通信协议。

在工业控制领域应用十分广泛的 Modbus 通信协议就是一种应用层通信协议，当其工作在 ASCII 模式或 RTU 模式时，可以选择 RS-232 总线或者 RS-485 总线作为基础传输介质。

1. Modbus 概述

Modbus 通信协议是由 Modicon（目前是施耐德电气公司的一个品牌）在 1979 年开发的，是全球第一个真正用于工业现场的总线协议。

Modbus 通信协议是应用于电子控制器上的一种通用协议，目前，已成为通用工业标准。通过此协议，控制器之间或者控制器经由网络与其他设备进行通信。Modbus 使不同厂商生产的控制设备可以连成工业网络，并进行集中控制。Modbus 通信协议定义了一个消息帧结构，并描述了控制器请求访问其他设备的过程，控制器如何响应来自其他设备的请求，以及怎么侦测错误并记录。

在 Modbus 网络上通信时，每个控制器都必须知道各自的设备地址，识别按地址发来的信息，决定要做何种动作。若需要响应，则控制器将按照 Modbus 消息帧格式生成反馈信息并发出。

Modbus 通信协议有多个版本：基于串行链路的版本，基于 TCP/IP 协议的网络版本及基于其他互联网协议的网络版本，其中前两种版本的应用场景比较多。

基于串行链路的 Modbus 通信协议有两种传输模式，分别是 RTU 与 ASCII，这两种

模式在数值数据表示和协议细节方面略有不同。RTU 模式是一种紧凑的、采用二进制数表示的方式，而 ASCII 模式表示方式更加冗长。在数据校验方面，RTU 模式采用循环冗余校验方式，而 ASCII 模式采用纵向冗余校验方式。这两种模式的节点之间无法通信。

2. Modbus 通信的请求与响应

Modbus 是一种单主多从的通信协议，即在同一时间里，总线上只能有一个主设备，但是可以有一个或多个（最多可以有 247 个）从设备。主设备是指发起通信的设备，而从设备是接收并请求做出响应的设备。在 Modbus 网络中，通信总是由主设备发起的，而当从设备没有收到主设备发来的请求时，不会主动发送数据。主从设备的请求与响应如图 8-1 所示。

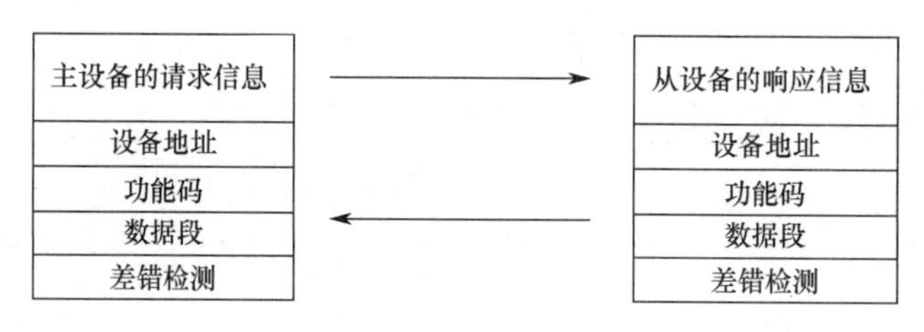

图 8-1　主从设备的请求与响应

主设备发送的请求报文包括从设备地址、功能码、数据段及差错检测字段。这几个字段的内容和作用如下。

① 设备地址：被选中的从设备地址。

② 功能码：告知被选中的从设备要执行何种功能。

③ 数据段：包含从设备要执行功能的附加信息（如功能码“03”要求从设备读取保持寄存器并响应寄存器的内容，则数据段必须包含要求从设备读取寄存器的起始地址及数量）。

④ 差错检测字段：为从设备提供一种数据校验方法，以保证信息内容的完整性。

从设备的响应信息包含设备地址、功能码、数据段及差错检测字段。其中，设备地址为本机地址，数据段则包含了从设备采集的数据。正常响应时，响应功能码与请求信息中的功能码相同；发生异常时，功能码将被修改以指出响应信息是错误的。差错检测字段允许主设备确认消息内容是否可用。

在 Modbus 网络中，主设备向从设备发送 Modbus 请求报文的模式有两种：单播模式与广播模式。

单播模式：主设备寻址单个从设备。主设备向某个从设备发送请求报文，从设备接收并处理完毕后向主设备返回一个响应报文。

广播模式：主设备向 Modbus 网络中的所有设备发送请求报文，从设备接收并处理完毕后不要求返回响应报文。广播模式请求报文的设备地址为 0，且功能指令为 Modbus 标准功能码中的写指令。

3. Modbus 寄存器

Modbus 寄存器是 Modbus 通信协议的一个重要组成部分，它用于存放数据。Modbus 寄存器最初借鉴于 PLC（可编程控制器）。后来随着 Modbus 通信协议的发展，寄存器这个概念也不再局限于具体的物理寄存器，而是慢慢拓展到了内存区域范畴。根据存放的数据类型及其读/写特性，Modbus 寄存器可分为 4 种类型。Modbus 寄存器的分类与特性如表 8-3 所示，Modbus 寄存器地址分配如表 8-4 所示。

表 8-3　Modbus 寄存器的分类与特性

寄存器种类	特性说明	实 际 应 用
线圈状态（Coil）	输出端口（可读可写） 【数字量输出】	LED 屏幕显示，电磁阀输出等
离散输入状态 （Discrete Input）	输入端口（只读） 【数字量输入】	接近开关，拨码开关等
保持寄存器 （Holding Register）	输出参数或保持参数（可读可写） 【模拟量输出】	模拟量输出设定值，传感器报警阈值等
输入寄存器 （Input Register）	输入参数（只读） 【模拟量输入】	模拟量输入值

表 8-4　Modbus 寄存器地址分配

寄存器种类	寄存器 PLC 地址	寄存器 Modbus 协议地址	位/字操作
线圈状态	00001 ～ 09999	0000H ～ FFFFH	位操作
离散输入状态	10001 ～ 19999	0000H ～ FFFFH	位操作
保持寄存器	40001 ～ 49999	0000H ～ FFFFH	字操作
输入寄存器	30001 ～ 39999	0000H ～ FFFFH	字操作

4. Modbus 串行消息帧格式

在计算机网络通信中，帧（Frame）是数据在网络上传输的一种单位，帧一般由多个部分组合而成，且各部分执行不同的功能。Modbus 通信协议在不同的物理链路上的消息帧是不同的，这里主要介绍串行链路上的 Modbus 消息帧格式，包括 ASCII 和 RTU 两种格式的消息帧。

① ASCII 消息帧格式。在 ASCII 格式中，消息以“:”（ASCII 码为 3AH）字符开始，以回车换行符（ASCII 码为 0DH、0AH）结束。消息帧的其他域可以使用的传输字符是十六进制的 0～F。

Modbus 网络上的各设备都循环侦测起始位——“:”字符，当接收到起始位后，各设备都解码地址域并判断消息是否发给自己。注意：两个消息帧之间的时间间隔最长不能超过 1s，否则接收的设备将认为传输错误。

一个典型的 Modbus ASCII 消息帧格式如表 8-5 所示。

表 8-5　一个典型的 Modbus ASCII 消息帧格式

起始位	地址	功能代码	数据	LRC 校验	结束符
1 个字符	2 个字符	2 个字符	*n* 个字符	2 个字符	2 个字符 CR、LF

② RTU 消息帧格式。在 RTU 格式中，消息的发送与接收以至少 3.5 个字符时间的停顿间隔为标志。

Modbus 网络上的各设备都不断地侦测网络总线，计算字符间的间隔时间，判断消息帧的起始点。当侦测到地址域时，各设备都对其进行解码，以判断该帧数据是否发给自己。

另外，一帧报文必须以连续的字符流来传输。若在帧传输完成之前有超过 1.5 个字符的间隔，则接收设备将认为该报文帧不完整。

一个典型的 Modbus RTU 消息帧格式如表 8-6 所示。

表 8-6　一个典型的 Modbus RTU 消息帧格式

起始位	地址	功能代码	数据	CRC 校验	结束符
≥3.5 字符	8 位	8 位	*N* 个 8 位	16 位	≥3.5 字符

5. 消息帧各组成部分的功能

（1）地址域。地址域存放了 Modbus 通信帧中的从设备地址。Modbus ASCII 消息帧的地址域包含两个字符，Modbus RTU 消息帧的地址域长度为 1 字节。

在 Modbus 网络中，主设备没有地址，每个从设备都具备唯一的地址。从设备的地址范围是 0～247，其中 0 作为广播地址，因此从设备实际的地址范围是 1～247。

在下行帧中，地址域表明只有符合地址码的从设备才能接收由主设备发送来的消息。在上行帧中，地址域指明了消息帧来自哪个设备。

（2）功能码。功能码指明了消息帧的功能，其取值范围为 1～255。在下行帧中，功能码用于指明从设备应该执行什么动作。在上行帧中，若从设备发送的功能码与主设备发送的功能码相同，则表明从设备已经响应主设备要求的操作；若从设备没有响应操作或者发送错误，则将返回的消息帧的功能码最高位置 1（即加上 0x80）。例如，当主设备要求从设备读一组保持寄存器时，消息帧的功能码为 00000011（0x03），在从设备正确执行请求的动作后，返回相同的功能码；否则，从设备将返回异常响应信息，其功能码将变为 10000011（0x83）。

（3）数据段。数据段与功能码紧密相关，是指存放功能码需要操作的具体数据。数据段以字节为单位，长度是可变的。

（4）差错检测。在基于串行链路的 Modbus 通信中，ASCII 模式与 RTU 模式使用了不同的差错校验方法。

在 ASCII 格式的消息帧中，有一个差错校验字段。该字段由两个字符组成，其值是对全部报文内容进行纵向冗余校验（LRC）计算得到的，计算对象不包括开始的冒号及回车换行符。

在 RTU 格式的消息帧中，差错校验字段由 16 位，共 2 字节构成，其值是对全部报文内容进行循环冗余校验（CRC）计算得到的，计算对象包括差错校验域之前的所有字节。当将差错校验码添加进消息时，先添加低字节，然后再添加高字节，因此最后 1 字节是 CRC 校验码的高位字节。

6. Modbus 功能码

Modbus 功能码表示将要执行的工作。以 RTU 格式为例，RTU 消息帧的 Modbus 功能码占用 1 字节，其取值范围为 1～127。

Modbus 标准规定了以下三类 Modbus 功能码。

① 公共功能码。

② 用户自定义功能码。

③ 保留功能码。

公共功能码是经过 Modbus 协议确认的，被明确定义的功能码，具有唯一性。部分常用的 Modbus 功能码如表 8-7 所示。

表 8-7　部分常用的 Modbus 功能码

代码	功能码名称	位/字操作	操作数量
01	读线圈状态	位操作	单个或多个
02	读离散输入状态	位操作	单个或多个
03	读保持寄存器	字操作	单个或多个
04	读输入寄存器	字操作	单个或多个
05	写单个线圈	位操作	单个
06	写单个保持寄存器	字操作	单个
15	写多个线圈	位操作	多个
16	写多个保持寄存器	字操作	多个

用户自定义功能码由用户自定义，取值范围是 65～72 和 100～110。这里主要介绍 RTU 格式的公共功能码。

① 读线圈/离散量输出状态功能码——01。功能码 01 的请求报文如表 8-8 所示。该功能码用于读取从设备的线圈或离散量的输出状态（ON/OFF）。该功能码的使用举例，请求报文 06 01 00 16 00 21 1C 61。

表 8-8　功能码 01 的请求报文

从设备地址	功能码	起始地址	寄存器个数	CRC 校验
06	01	00 16	00 21	1C 61

从表 8-8 中看出，从设备地址为 06，需要读取 Modbus 起始地址为 22（0x16），共

读取 33（0x21）个状态。

假设地址 22～54 的线圈寄存器的值（OFF 代表关，ON 代表开）如表 8-9 所示，则相对应的响应报文如表 8-10 所示。

表 8-9　线圈寄存器的值

地址范围	取　值	字节值
22～29	ON-ON-OFF-OFF-OFF-ON-OFF-OFF	0x23
30～37	ON-ON-OFF-ON-OFF-OFF-OFF-ON	0x8B
38～45	OFF-OFF-ON-OFF-OFF-ON-OFF-OFF	0x24
46～53	OFF-OFF-ON-OFF-OFF-OFF-ON-ON	0xC4
54	ON	0x01

表 8-10　功能码 01 的响应报文

从设备地址	功能码	数据域字节数	5 个数据	CRC 校验
06	01	05	23 8B 24 C4 01	ED 9C

故响应报文为 06 01 05 23 8B 24 C4 01 ED 9C。

② 读离散量输入状态功能码——02。该功能码用于读取从设备的离散量（数字量输入）的输入状态（ON/OFF）。该功能码的使用与功能码 01 的使用相同。

③ 读保持寄存器功能码——03。功能码 03 的请求报文如表 8-11 所示。该功能码用于读取从设备保持寄存器的二进制数据，不支持广播模式。

表 8-11　功能码 03 的请求报文

从设备地址	功能码	起始地址	寄存器个数	CRC 校验
06	03	00 D2	00 04	E5 87

故请求报文为 06 03 00 D2 00 04 E5 87。

从表 8-11 可以看出，从设备地址为 06，需要读取 Modbus 地址 210（0xD2）～213（0xD5）共 4 个保持寄存器的内容。功能码 03 的响应报文如表 8-12 所示。

表 8-12　功能码 03 的响应报文

从设备地址	功能码	数据域字节数	4 个数据	CRC 校验
06	03	08	02 6E 01 F3 01 06 59 AB	1E 6A

故响应报文为 06 03 08 02 6E 01 F3 01 06 59 AB 1E 6A。

Modbus 保持寄存器和输入寄存器是以字节为基本单位的，即每个寄存器分别对应 2 字节。请求报文连续读取 4 个寄存器的内容，将返回 8 字节。

④ 读输入寄存器功能码——04。功能码 04 的请求报文如表 8-13 所示。该功能码用于读取从设备输入寄存器的二进制数据，不支持广播模式。

表 8-13　功能码 04 的请求报文

从设备地址	功能码	起始地址	寄存器个数	CRC 校验
06	04	01 90	00 05	30 6F

故请求报文为 06 04 01 90 00 05 30 6F。

从表 8-13 可以看出，从设备地址为 06，需要读取 Modbus 地址 400（0x0190）～404（0x0194）共 5 个寄存器的内容。功能码 04 的响应报文如表 8-14 所示。

表 8-14　功能码 04 的响应报文

从设备地址	功能码	数字域字节数	5 个数据	CRC 校验
06	04	0A	1C E2 13 5A 35 DB 23 3F 56 E3	51 3A

故响应报文为 06 04 0A 1C E2 13 5A 35 DB 23 3F 56 E3 51 3A。

⑤ 写单个线圈或单个离散输出功能码——05。功能码 05 的请求报文如表 8-15 所示，功能码 05 的响应报文如表 8-16 所示。该功能码用于将单个线圈或者单个离散输出状态设置为“ON”或“OFF”，0xFF00 表示状态“ON”，0x0000 表示状态“OFF”，其他值对线圈无效。

表 8-15　功能码 05 的请求报文

从设备地址	功能码	起始地址	变更数据	CRC 校验
04	05	00 98	FF 00	0D 80

故请求报文为 04 05 00 98 FF 00 0D 80。

表 8-16　功能码 05 的响应报文

从设备地址	功能码	起始地址	变更数据	CRC 校验
04	05	00 98	FF 00	0D 80

故响应报文为 04 05 00 98 FF 00 0D 80。

⑥ 写单个保持寄存器功能码——06。功能码 06 的请求报文如表 8-17 所示。该功能码用于更新从设备单个保存寄存器的值。

表 8-17　功能码 06 的请求报文

从设备地址	功能码	起始地址	变更数据	CRC 校验
03	06	00 82	02 AB	68 DF

故请求报文为 03 06 00 82 02 AB 68 DF。

从表 8-17 可以看出，从设备地址为 03，要求设置从设备 Modbus 地址 130（0x82）

的内容为683（0x02AB）。功能码06的响应报文如表8-18所示。

表8-18　功能码06的响应报文

从设备地址	功能码	起始地址	寄存器数	CRC校验
03	06	00 82	02 AB	68 DF

故响应报文为03 06 00 82 02 AB 68 DF。

⑦ 写多个线圈功能码——15。功能码15的请求报文如表8-19所示。该功能码用于将连续的多个线圈或离散输出设置为“ON”或“OFF”，支持广播模式。

表8-19　功能码15的请求报文

从设备地址	功能码	起始地址	寄存器数	字节数	变更数据	CRC校验
03	0F	00 14	00 0F	02	C2 03	EE E1

故请求报文为03 0F 00 14 00 0F 02 C2 03 EE E1。

从表8-19可以看出，从设备地址为03，要求设置从设备Modbus地址20（0x0014）～34（0x22）共15个线圈寄存器的值如表8-20所示。

表8-20　线圈寄存器的值

地址范围	取　值	字节值
20～27	OFF-ON-OFF-OFF-OFF-OFF-ON-ON	0xC2
28～34	ON-ON-OFF-OFF-OFF-OFF-OFF-OFF	0x03

⑧ 写多个保持寄存器功能码——16（0x10）。功能码16的请求报文如表8-21所示。该功能码用于设置或写入从设备保持寄存器的多个连续的地址块，支持广播模式。数据字段保存需要写入的数据，每个寄存器均可存放2字节。

表8-21　功能码16的请求报文

从设备地址	功能码	起始地址	寄存器数	字节数	变更数据	CRC校验
05	10	00 15	00 03	06	53 6B 05 F3 2A 08	3E 72

故请求报文为05 10 00 15 00 03 06 53 6B 05 F3 2A 08 3E 72。

从表8-21可以看出，从设备地址为05，要求设置从设备Modbus地址21（0x0015）～23（0x0017）共3个寄存器（6字节）的内容，需要变更的数据为53 6B 05 F3 2A 08。功能码16的响应报文如表8-22所示。

表8-22　功能码16的响应报文

从设备地址	功能码	起始地址	寄存器数	CRC校验
05	10	00 15	00 03	90 48

故响应报文为 05 10 00 15 00 03 90 48。

8.5.4　系统构成

本实验要求搭建一个基于 RS-485 总线的智能安防系统，系统构成如下。

① RS-485 通信节点，3 个。

② 火焰传感器（安装在从设备 1 上），1 个。

③ 可燃气体传感器（安装在从设备 2 上），1 个。

④ USB-485 模块，1 个。

基于 RS-485 总线的智能安防系统设计图如图 8-2 所示。

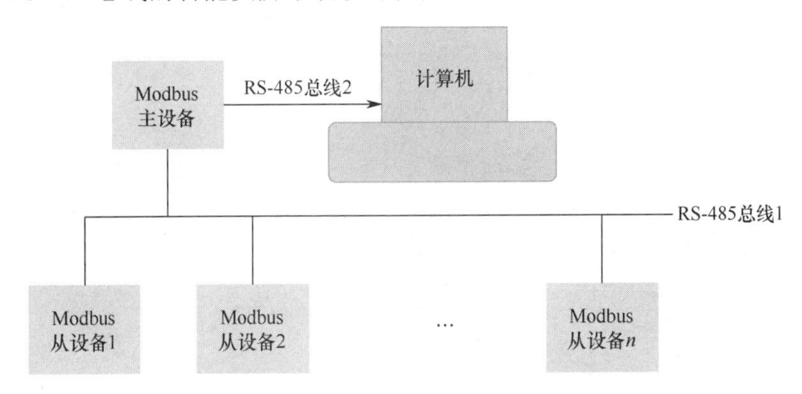

图 8-2　基于 RS-485 总线的智能安防系统设计图

8.6　实验步骤

在充分理解实验原理的前提下，准备实验器材，搭建一套基于 RS-485 总线的智能安防系统。其中，可燃气体传感器如图 8-3 所示。

图 8-3　可燃气体传感器

火焰传感器如图 8-4 所示。

图 8-4　火焰传感器

可燃气体传感器安装示意图如图 8-5 所示，火焰传感器安装示意图如图 8-6 所示。

图 8-5　可燃气体传感器安装示意图

图 8-6　火焰传感器安装示意图

将主设备与计算机通过 USB-485 模块相连。这样就搭建好了一套基于 RS-485 总线通信的智能安防系统。

8.7　拓展提高

若再增加从设备 3（温湿度传感器）、从设备 4（光照传感器），要求将这两个模块接入上面搭建的智能安防系统中。

实验 9 RS-485 总线通信应用 02

9.1 实验要求

利用“单片机应用开发资源包\实验工程（代码）（见二维码）”给出的工程代码，理解并补充修改关键代码，使得整个系统实现如下基本功能。

① RS-485 网络 1 的主设备每隔 0.5s 发送一次查询从设备传感器数据的 Modbus 通信帧。

② RS-485 网络 1 中的从设备接收到通信帧后，解析其内容，判断是否发给自己，然后根据功能要求采集相应的传感器数据至主设备。

③ 主设备收到从设备的传感器数据后，通过 RS-485 网络 2，上报到计算机端。

9.2 实验器材

① 新大陆 M3 主控模块，3 块。

② ST-LINK 下载器。

③ 可燃气体传感器。

④ 火焰传感器。

⑤ USB-485 模块。

9.3 实验内容

① 完善代码，实现智能安防系统的基本功能。

② 理清程序逻辑，使用 Modbus 协议进行通信。

③ 按照要求使用特定格式上报数据。

9.4 实验目的

① 掌握 RS-485 总线的使用方法。

② 理解 Modbus 协议的格式并掌握基于 Modbus 串行通信协议的开发方法。

③ 掌握自定义格式的通信帧的处理。

④ 通过此实验，了解单片机的工作原理。

9.5 实验原理

9.5.1 RS-485 收发器

RS-485 收发器（Transceiver）芯片是一种常用的通信接口器件，因此大多数半导体公司都有符合 RS-485 标准的收发器产品线，例如，Sipex 公司的 SP307x 系列芯片，Maxim 公司的 MAX485 系列芯片，TI 公司的 SN65HVD485 系列芯片等。

我们以 SP3485EN 芯片为例，讲解 RS-485 标准收发器芯片的工作原理与典型电路。RS-485 收发器芯片的典型应用电路如图 9-1 所示。

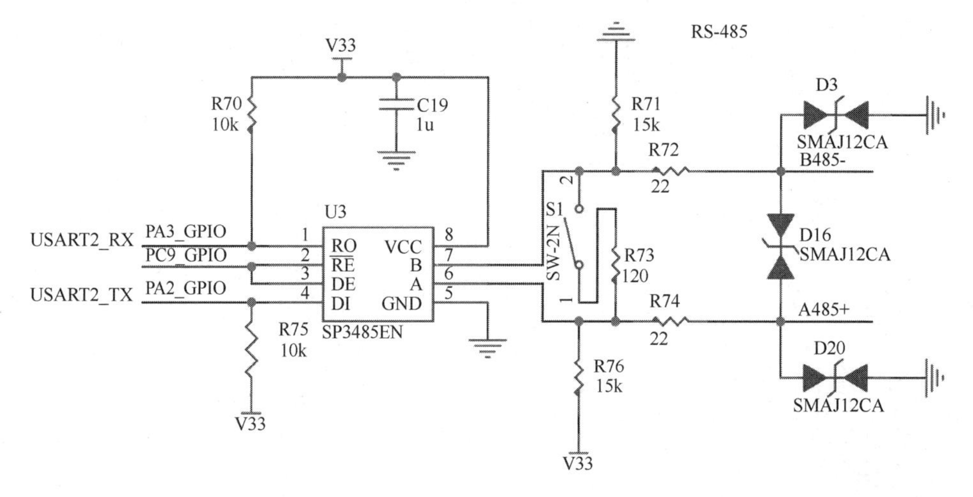

图 9-1 RS-485 收发器芯片的典型应用电路

其中，电阻 R73 为终端匹配电阻，其阻值为 120Ω。电阻 R71 与电阻 R76 均为偏置电阻，它们用于确保在静默状态时，RS-485 总线维持逻辑 1 高电平状态。

如图 9-1 所示，在封装 SP3485EN 芯片时，引脚 SOP-8、引脚 RO 与引脚 DI 分别接 MCU 的数据接收与数据发送引脚，它们分别用于连接 MCU 的 USART 外设。具体引脚功能表述如图 9-2 所示。

Pin1—RO—接收器输出

Pin2—$\overline{\text{RE}}$—接收器输出使能（低电平有效）

Pin3—DE—驱动器输出使能（高电平有效）

Pin4—DI—驱动器输入

Pin5—GND—连接地

Pin6—A—驱动器输出/接收器输入（同相）

Pin7—B—驱动器输出/接收器输入（反相）

Pin8—VCC

图 9-2 具体引脚功能表述

9.5.2　RS-485 网络 1 的数据帧

在 RS-485 网络 1 中，从节点可连接三种类型的传感器，即开关量、模拟量和数字量。另外，需要对从设备节点的地址与传感器类型编号进行配置，它们的数据类型为数字量。

传感器类型如表 9-1 所示。

表 9-1　传感器类型

传感器类型	温湿度	人体检测	火焰	可燃气体	空气质量	光敏	声音	红外	心率
代号	1	2	3	4	5	6	7	8	9

根据 Modbus 功能码的相关基础知识，可规划本实验中用到的功能码，寄存器地址与传感器的对应关系如表 9-2 所示。

表 9-2　寄存器地址与传感器的对应关系

功能码	寄存器地址	传感器（数据）类型	传感器（数据）名称	传感器代号
0x02 读离散输入状态	0x0000	开关量	人体检测传感器	2
	0x0001		声音传感器	7
	0x0002		红外传感器	8
0x03 读保持寄存器	0x0000	数字量	温湿度传感器	1
	0x0001		本节点地址	
	0x0002		节点连接的传感器类型	
0x04 读输入寄存器	0x0000	模拟量	光敏传感器	6
	0x0001		空气质量传感器	5
	0x0002		火焰传感器	3
	0x0003		可燃气体传感器	4
0x06 写单个保持寄存器	0x0001	数字量	配置（写）节点地址	
	0x0002		配置（写）传感器类型	

本实验中，RS-485 通信采用 RTU 格式，接下来对几种常用的主设备请求与从设备响应的通信帧进行介绍。

① 温湿度数据采集（数字量，功能码为 03）。若主设备要读取从设备 1 的温湿度数据，则主设备发送的读取温湿度数据请求帧格式如表 9-3 所示。

表 9-3　主设备发送的读取温湿度数据请求帧格式

从设备地址	功能码	寄存器起始地址	寄存器个数	CRC 校验
1 字节	1 字节	2 字节	2 字节	2 字节
01	03	00 00	00 01	84 0A

当从主设备 1 收到 Modbus 通信帧后，假设温度值为 24℃，湿度值为 25%，则读取温湿度从设备响应帧格式如表 9-4 所示。

表 9-4　读取温湿度从设备响应帧格式

从设备地址	功能码	返回字节数	寄存器值	CRC 校验
1 字节	1 字节	1 字节	2 字节	2 字节
01	03	02	18 19	72 1E

② 可燃气体传感器数据采集（模拟量，功能码为 04）。若主设备要读取从设备 1 的可燃气体传感器数据，则主设备发送的读取可燃气体数据请求帧格式如表 9-5 所示。

表 9-5　主设备发送的读取可燃气体数据请求帧格式

从设备地址	功能码	寄存器起始地址	寄存器个数	CRC 校验
1 字节	1 字节	2 字节	2 字节	2 字节
01	04	00 03	00 01	C1 CA

从设备 1 收到 Modbus 通信帧后，假设返回的 ADC 值是 300（0x012C），则读取可燃气体数据从设备响应帧格式如表 9-6 所示。

表 9-6　读取可燃气体数据从设备响应帧格式

从设备地址	功能码	返回字节数	寄存器值	CRC 校验
1 字节	1 字节	1 字节	2 字节	2 字节
01	04	02	01 2C	B9 7D

9.5.3　通过 RS-485 网络 2 上传信息的数据帧

这里 RS-485 网络 2 使用了自定义的通信协议，该协议的数据帧格式如表 9-7 所示。网络 2 上传信息数据帧组成部分说明如表 9-8 所示。

表 9-7　数据帧格式

组成部分	帧起始符	地址域	命令码域	数据长度域	传感器类型	数据域	校验域
长度	1 字节	2 字节	1 字节	1 字节	1 字节	2 字节	1 字节
内容	0xDD	DstAddr	见表 9-8	Length	见表 9-1	Data	Checksum
举例	0xDD	0x0002	0x02	0x09	0x01	0x18 0x40	0x51

表 9-8　上传信息数据帧组成部分说明

帧起始符	固定为 0xDD
地址域	发送节点的地址
命令码域	0x01 表示上传 CAN 网络的数据，0x02 表示上传 RS-485 网络的数据
数据长度域	固定为 0x09，即 9 字节
传感器类型	见表 9-1

（续表）

帧起始符	固定为 0xDD
数据域	2 字节，高 8 位，低 8 位。对温湿度传感器而言，高 8 位为温度值，低 8 位为湿度值。（24℃对应 0x18，湿度 64%对应 0x40）
校验码域	采用和校验方式，计算从“帧起始符”到“数据域”之间所有数据的累加和，并将该累加和与 0xFF 按位进行逻辑与操作，并保留低 8 位。

9.6　实验步骤

9.6.1　完善从设备代码

打开“单片机应用开发资源包\实验工程（代码）\RS485-model\Newlab_HAL_slave\MDK-ARM”下面名为 Newlab_HAL_slave 的工程文件（见二维码），并按照下面的步骤进行操作。

① 定义 Modbus 帧与 Modbus 协议管理器的结构体。

在文件 protocol.h 中核对以下代码。

```
//类 modbus 帧定义
__packed typedef struct {

    u8 address;         //设备地址：0，广播地址：1～255，设备地址
    u8 function;        //帧功能，0～255
    u8 count;           //帧编号
    u8 datalen;         //有效数据长度
    u8 *data;           //数据存储区
    u16 chkval;         //校验值
} m_frame_typedef;

//类 Modbus 协议管理器
typedef  struct {
    u8* rxbuf;          //接收缓存区
    u16 rxlen;          //接收数据的长度
    u8 frameok;         //一帧数据接收完成标记为 0；还未完成标记为 1，完成一帧数据的接收
    u8 checkmode;       //校验模式：0，校验和：1，异或：2，CRC8：3，CRC16
} m_protocol_dev_typedef;
```

② 编写 Modbus 通信帧解析函数。

```
m_result mb_unpack_frame(m_frame_typedef *fx)
{
    u16 rxchkval=0;                          //接收到的校验值
    u16 calchkval=0;                         //计算得到的校验值
```

```
        u8 cmd = 0 ;      //计算功能码
        u8 datalen=0;                     //有效数据长度
        u8 address=0;
        u8 res;

        if(m_ctrl_dev.rxlen>M_MAX_FRAME_LENGTH||m_ctrl_dev.rxlen<M_MIN_
FRAME_LENGTH)
        {
            m_ctrl_dev.rxlen=0;           //清除 rxlen
            m_ctrl_dev.frameok=0;         //清除 framok 标记，以便下次可以正常接收
            return MR_FRAME_FORMAT_ERR; //帧格式错误
        }
        datalen=m_ctrl_dev.rxlen;
        switch(m_ctrl_dev.checkmode) {
        case M_FRAME_CHECK_SUM:           //校验和
            calchkval=mc_check_sum(m_ctrl_dev.rxbuf,datalen+4);
            rxchkval=m_ctrl_dev.rxbuf[datalen+4];
            break;
        case M_FRAME_CHECK_XOR:           //异或校验
            calchkval=mc_check_xor(m_ctrl_dev.rxbuf,datalen+4);
            rxchkval=m_ctrl_dev.rxbuf[datalen+4];
            break;
        case M_FRAME_CHECK_CRC8:          //CRC8 校验
            calchkval=mc_check_crc8(m_ctrl_dev.rxbuf,datalen+4);
            rxchkval=m_ctrl_dev.rxbuf[datalen+4];
            break;
        case M_FRAME_CHECK_CRC16:         //CRC16 校验
            calchkval=mc_check_crc16(m_ctrl_dev.rxbuf,datalen-2);
            rxchkval=((u16)m_ctrl_dev.rxbuf[datalen-2]<<8)+m_ctrl_dev.rxbuf
[datalen-1];
            break;
        }
        m_ctrl_dev.rxlen=0;               //清除 rxlen
        m_ctrl_dev.frameok=0;             //清除 framok 标记，以便下次可以正常接收

        if(calchkval==rxchkval)
        {   //校验正常
            address=m_ctrl_dev.rxbuf[0];
            if (address!= SLAVE_ADDRESS) {
                return MR_FRAME_SLAVE_ADDRESS;        //帧格式错误
            }

            cmd=m_ctrl_dev.rxbuf[1];

            if ((cmd > 0x06 )||(cmd < 0x01)) {
```

```
            return MR_FRANE_ILLEGAL_FUNCTION;     //命令帧错误
        }

        switch (cmd) {
          case 0x02:
          res= ReadDiscRegister();          //读取离散量（重要）
           break;
        case 0x03:
           res=ReadHoldRegister();          //读取保持寄存器（重要）
           break;
        case 0x04:
            res=ReadInputRegister();        //读取输入寄存器（重要）
           break;
         case 0x06:
             res=WirteHoldRegister();       //写保持寄存器（重要）
              break;
        }
    }
    else
    {
        return MR_FRAME_CHECK_ERR;
    }
    return MR_OK;
}
```

③ 编写读取传感器数据并回复响应帧的函数。

在本实验中，两个从设备节点分别连接火焰传感器和可燃气体传感器。这两种传感器都是模拟量传感器，主设备将使用功能码 04 来读取从设备的传感器数据。因此从设备在解析完主设备的请求后，应编写读取传感器数据并回复响应帧的函数。

在文件 inputregister.c 中编写如下代码。

```
u8 ReadInputRegister(void)
{
    u16 regaddress;             //寄存器地址
    u16 regcount;               //寄存器个数
    u16 * input_value_p;
    u16 iregindex;
    u8 sendbuf[20];             //发送缓冲区
    u8 send_cnt=0;

    u16 calchkval=0;            //计算得到的校验值

    regaddress=(u16)(m_ctrl_dev.rxbuf[2]<<8);
    regaddress|=(u16)(m_ctrl_dev.rxbuf[3]);
```

```
regcount =(u16)(m_ctrl_dev.rxbuf[4]<<8);
regcount |= (u16)(m_ctrl_dev.rxbuf[5]);

input_value_p =  inbuf;
if((1<=regcount)&&(regcount<4)) {
    if((regaddress>=0)&&(regaddress<=3)) {
        sendbuf[send_cnt]=SLAVE_ADDRESS;
        send_cnt++;
        sendbuf[send_cnt]=0x04;
        send_cnt++;
        sendbuf[send_cnt]=regcount*2;
        send_cnt++;
        iregindex=regaddress-0;

        while(regcount>0) {
            sendbuf[send_cnt]=(u8)(input_value_p[iregindex]>>8);
            send_cnt++;
            sendbuf[send_cnt]=(u8)(input_value_p[iregindex]& 0xFF);
            send_cnt++;
            iregindex++;
            regcount--;
        }
        switch(m_ctrl_dev.checkmode) {
        case M_FRAME_CHECK_SUM:                                 //校验和
            calchkval=mc_check_sum(sendbuf,send_cnt);
            break;
        case M_FRAME_CHECK_XOR:                                 //异或校验
            calchkval=mc_check_xor(sendbuf,send_cnt);
            break;
        case M_FRAME_CHECK_CRC8:                                //CRC8 校验
            calchkval=mc_check_crc8(sendbuf,send_cnt);
            break;
        case M_FRAME_CHECK_CRC16:                               //CRC16 校验
            calchkval=mc_check_crc16(sendbuf,send_cnt);
            break;
        }

        if(m_ctrl_dev.checkmode==M_FRAME_CHECK_CRC16) {
        //若是 CRC16，则有 2 字节的 CRC
            sendbuf[send_cnt]=(calchkval>>8)&0XFF;     //高字节在前
            send_cnt++;
            sendbuf[send_cnt]=calchkval&0XFF;          //低字节在后
```

```
            }
            RS4851_Send_Buffer(sendbuf,send_cnt+1);       //发送这一帧数据
        }

    } else {
        return 1;
    }
    return 0;
}
```

代码编译完成无错误后，分别下载代码到从设备1和从设备2。

9.6.2　完善主设备代码

打开“单片机应用开发资源包\实验工程（代码）\RS485-model\Newlab_HAL_master\MDK-ARM”路径下面的工程（见二维码），并按照下面的步骤进行操作。

① 编写主设备组建请求通信帧的函数。

在本实验中，从设备连接的火焰传感器和可燃气体传感器属于模拟量传感器，主设备应该使用功能码04组建请求通信帧读取传感器数据。

在文件inputregister_m.c中核对以下代码。

```
void masterInputRegister(u8 ucSndAddr, u16 usRegAddr, u16 usNRegs)
{
    u8 sendbuf[8];                              //发送缓冲区
    u8 send_cnt=0;
    u16 calchkval=0;                            //计算得到的校验值
    sendbuf[send_cnt]=ucSndAddr;                //填写从设备地址
    send_cnt++;
    sendbuf[send_cnt]=0x04;                     //填写功能码
    send_cnt++;
    sendbuf[send_cnt]= usRegAddr >> 8;          //寄存器地址高8位
    send_cnt++;
    sendbuf[send_cnt]= usRegAddr;               //寄存器地址低8位
    send_cnt++;
    sendbuf[send_cnt]= usNRegs >> 8;            //填写需要读取的寄存器个数的高8位
    send_cnt++;
    sendbuf[send_cnt]= usNRegs;                 //填写需要读取的寄存器个数的低8位
    send_cnt++;

    switch(m_ctrl_dev.checkmode) {
    case M_FRAME_CHECK_SUM:                     //校验和
        calchkval=mc_check_sum(sendbuf,send_cnt);
        break;
```

```
    case M_FRAME_CHECK_XOR:                  //异或校验
        calchkval=mc_check_xor(sendbuf,send_cnt);
        break;
    case M_FRAME_CHECK_CRC8:                         //CRC8 校验
        calchkval=mc_check_crc8(sendbuf,send_cnt);
        break;
    case M_FRAME_CHECK_CRC16:                        //CRC16 校验
        calchkval=mc_check_crc16(sendbuf,send_cnt);
        break;
    }

    if(m_ctrl_dev.checkmode==M_FRAME_CHECK_CRC16) {
    //若是 CRC16，则有 2 字节的 CRC
        sendbuf[send_cnt]=(calchkval>>8)&0XFF;  //CRC 校验码，高字节在前
        send_cnt++;
        sendbuf[send_cnt]=calchkval&0XFF;        // CRC 校验码，低字节在后
        m_send_frame.address=sendbuf[0];
        m_send_frame.function=sendbuf[1];
        m_send_frame.reg_add=usRegAddr;
        m_send_frame.reg_cnt_value=usNRegs;
        m_send_frame.chkval=calchkval;
    }
    RS4851_Send_Buffer(sendbuf,send_cnt+1);      //发送这一帧数据
}
```

② 编写主设备上传的通信帧。

在文件 app_master.c 中输入以下代码。

```
static void mater_push(u8 i)
{
    u8 push485buf[9];
    u8 add=0;
    add =i;

    push485buf[0]=0xDD;
    push485buf[1]=class_sen[add].add>>8;
    push485buf[2]= class_sen[add].add;
    push485buf[3]=0x02;
    push485buf[4]=0x09;


    switch (class_sen[add].senty) {
    case BodyInfrared_Sensor:
        push485buf[5]=0x02;
        break;
    case Sound_Sensor:
```

```
            push485buf[5]=0x07;
            break;
        case Infrared_Sensor:
            push485buf[5]=0x08;
            break;
        //2. 模拟量
        case Photosensitive_Sensor:
            push485buf[5]=0x06;
            break;
        case AirQuality_Sensor:
            push485buf[5]=0x05;
            break;
        case Flame_Sensor:
            push485buf[5]=0x03;
            break;
        case FlammableGas_Sensor:
            push485buf[5]=0x04;
            break;

        //3.温湿度
        case TemHum_Sensor:
            push485buf[5]=0x01;
            break;

        default:
            push485buf[5]=0x10;
            break;


        }
        push485buf[6]=(u8)(class_sen[add].value>>8);
        push485buf[7]=(u8)class_sen[add].value;
        push485buf[8]=CHK(push485buf,8);

        RS4853_Send_Buffer(push485buf, 9);

}
```

代码编译完成无错误后，将其下载到主设备中。

9.6.3　节点配置

打开“单片机应用开发资源包\实验工程(代码) \RS485-model”路径下面的“SerialPortCommunicationV2.0”软件（见二维码），可以对从设备的地址及传感器类型进行配置，配置方法如下。

打开软件，可以看到软件界面，如图 9-3 所示。

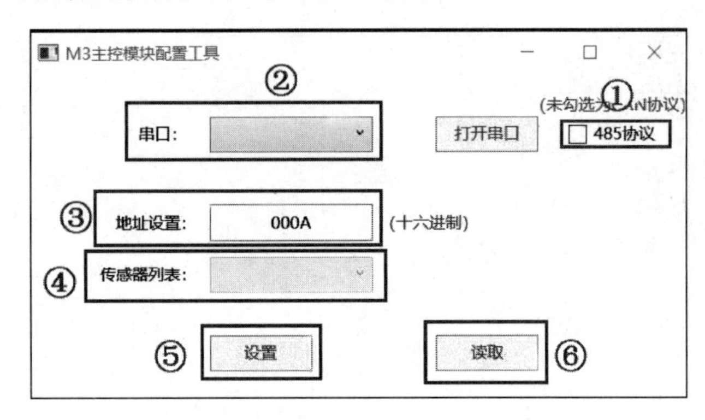

图 9-3　软件界面

首先，勾选①处的“485 协议”复选框，根据实际情况，在②处的“串口”文本框的下拉列表中选择实际的串口。

单击⑥处的“读取”按钮，读取从设备地址与传感器类型，若需要更改对应内容，则需要设置③与④处，最后按下⑤处的“设置”按钮，即完成设置。建议完成设置后，检查设置是否正确。

9.6.4　计算机端查看数据

全部设置好后，在计算机端打开上位机软件，就可以看到按照指定通信帧格式发过来的数据。（这里的自定义通信帧格式是为以后上传数据到云平台上做准备的）。

在计算机端串口调试助手看到的实验结果为：计算机端能够接收到通过 RS-485 总线 2 发送上来的数据，实验结果如图 9-4 所示。

图 9-4　实验结果

我们可以看到接收到的数据中主要格式为“0xDD 0x00 0x01 0x02 0x09 0x03** ** ##”与“0xDD 0x00 0x02 0x02 0x09 0x04** ** ##”。

结合表 9-8 中规定的数据帧格式，可以看出，上位机收到来自地址为 0x0001 与 0x0002 两个设备的信息，且第 4 字节为 0x02，表示上传的是 RS-485 网络的数据。

来自 0x0001 设备的数据帧的第 6 字节是 0x03，表示火焰传感器；来自 0x0002 设备的数据帧的第 6 字节是 0x04，表示可燃气体传感器。

9.7　拓展提高

要求：添加从设备（地址为 0x03，传感器类型为温湿度传感器）至本系统中，同时实现既有的功能。

实验 10　CAN 总线通信应用

10.1　实验要求

利用新大陆 M3 主控模块，配合 2 个温湿度传感器，1 个火焰传感器，搭建一套生产线环境监测系统，要求整个系统使用 CAN 通信总线。一个主设备（挂载温湿度传感器），另外两个从设备（分别挂载温湿度传感器和火焰传感器），主设备将收集到的从设备的传感器数据和自身挂载的温湿度数据，通过 RS-485 网络传送到计算机端，且使用 CAN 调试器抓取 CAN 总线上的数据并对其进行观察。

10.2　实验器材

① 新大陆 M3 主控模块，3 个。

② ST-LINK 下载器。

③ 温湿度传感器，2 个。

④ 火焰传感器，1 个。

⑤ CAN 调试器。

10.3　实验内容

① 搭建符合要求的硬件系统。

② 搭建 CAN 总线。

10.4　实验目的

① 掌握 CAN 总线的基本知识。

② 掌握 CAN 标准的电气特性。

③ 了解 CAN 协议的基础知识。

④ 掌握 CAN 总线通信系统的接线方式。

10.5　实验原理

10.5.1　CAN 总线概述

CAN（Controller Area Network）是 ISO 国际标准化的串行通信协议。在汽车产业中，为了满足安全性、舒适性、方便性、低公害、低成本的要求，各种各样的电子控制系统被开发出来。由于这些系统之间通信所用的数据类型及对可靠性的要求不尽相同，因此由多条总线构成的情况有很多，线束的数量也随之增加。为满足减少线束的数量、通过多个 CAN 进行大量数据的高速通信的需要，1986 年，德国电气商博世公司开发出面向汽车的 CAN 通信协议。此后，CAN 通过 ISO11898 及 ISO11519 进行了标准化，在欧洲这两个协议已是汽车网络的标准协议。

CAN 的高性能和可靠性已被认同，并被广泛地应用于工业自动化、船舶、医疗设备、工业设备等方面。CAN 总线是当今自动化领域技术发展的热点之一，被誉为自动化领域的计算机局域网。它的出现为分布式控制系统实现各节点之间实时、可靠的数据通信提供了强有力的技术支持。

CAN 总线具有以下主要特性。

① 数据传输距离远（最远 10km）。

② 数据传输速率高（最高数据传输速率 1Mbps）。

③ 具备优秀的仲裁机制。

④ 使用筛选器实现多地址的数据帧传递。

⑤ 借助遥控帧实现远程数据请求。

⑥ 具备错误检测与处理功能。

⑦ 具备数据自动重发功能。

⑧ 故障节点可自动脱离总线且不影响总线上其他节点的正常工作。

10.5.2　CAN 技术规范与标准

CAN 协议经 ISO 标准化后有 ISO11898 标准和 ISO11519 标准两种。ISO11898 是通信速率为 125kbps～1Mbps 的 CAN 高速通信标准。ISO11519 是通信速率为 125kbps 以下的 CAN 低速通信标准。

CAN 技术的规范主要对 ISO 基本参照模型中的物理层（部分）、数据链路层和传输层（部分）进行定义，CAN 技术规范如图 10-1 所示。

通信速率与最长总线的关系如图 10-2 所示。

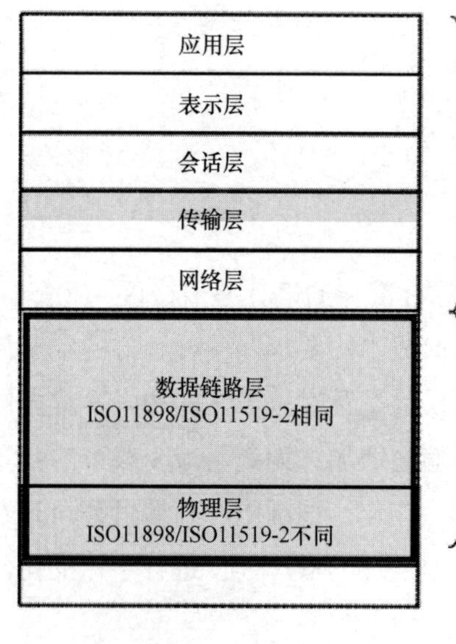

图 10-1　CAN 技术规范

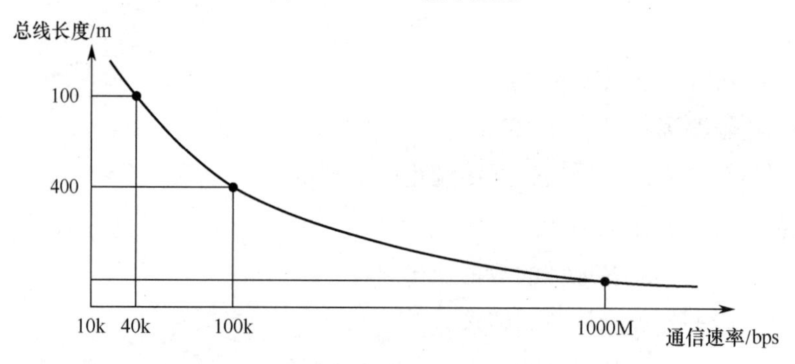

图 10-2　通信速率与最长总线的关系

10.5.3　CAN 总线的报文信号电平

总线上传输的信息称为报文，总线规范不同，其报文信号电平标准也不同。CAN 总线上的报文信号使用差分电压传送。ISO11898 标准的 CAN 总线信号电平标准如图 10-3 所示。

从图 10-3 中可以看出，CAN 总线分为 CAN_H 和 CAN_L 两条信号线。静态时两条信号线上的电平电压均为 2.5V 左右（电位差为 0V），此时的状态表示逻辑 1（或称“隐性电平状态”）。当 CAN_H 上的电压值为 3.5V 且 CAN_L 上的电压值为 1.5V 时，两线的电位差为 2V，此时的状态表示逻辑 0（或称“显性电平”状态）。

总线上的电平分为显性电平和隐性电平两种。

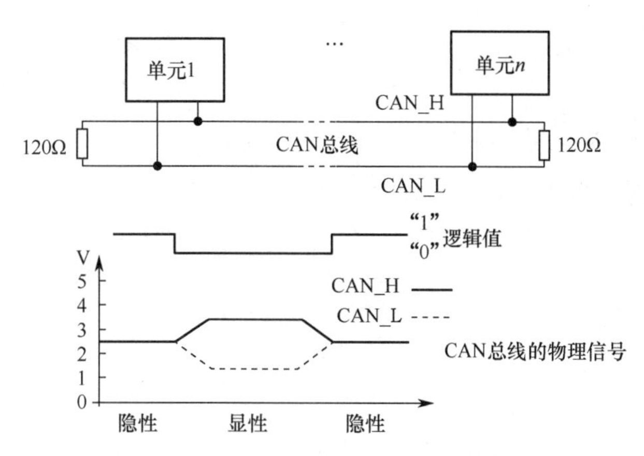

图 10-3 ISO11898 标准的 CAN 总线信号电平标准

总线上执行逻辑上的线“与”时，显性电平的逻辑值为“0”，隐性电平为“1”。显性具有“优先”的意思，即只要有一个单元输出显性电平，总线上即为显性电平。并且，隐性具有“包容”的意思，只有所有的单元都输出隐性电平，总线上才为隐性电平。（显性电平比隐性电平高）。

10.5.4 总线拓扑图

CAN 控制器根据两根线上的电位差来判断总线电平。发送方通过使总线电平发生变化，将消息发送给接收方。

CAN 总线拓扑图如图 10-4 所示。

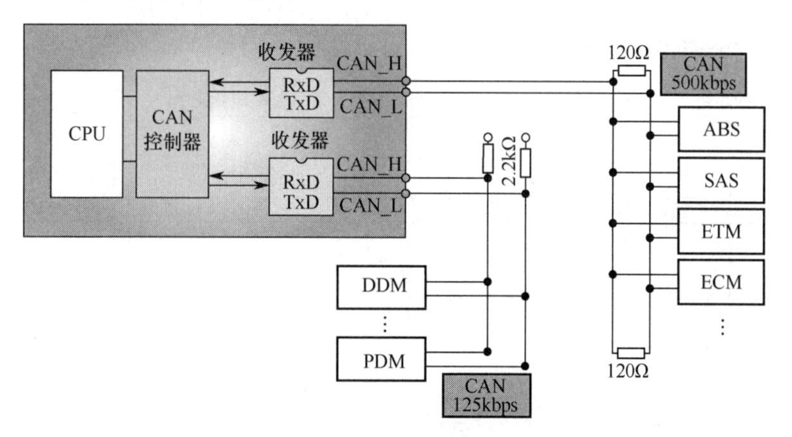

图 10-4 CAN 总线拓扑图

图 10-4 中的 CAN 总线网络拓扑包括两个网络：一个是遵循 ISO11898 标准的高速 CAN 总线网络（传输速率为 500kbps），另一个是遵循 ISO11519 标准的低速 CAN 总线网络（传输速率为 125kbps）。高速 CAN 总线网络被应用在汽车动力与传动系统中，它是闭环网络，总线最长为 40m，要求两端各有一个 120Ω 的电阻（抑制信号反射）。低速 CAN 总线网络备用于汽车车身系统中，它的两根总线是独立的，不形成闭环，要求每根

总线上各串联一个 2.2kΩ 的电阻。

10.5.5　CAN 通信帧介绍

CAN 协议是通过以下 5 种类型帧进行的。

① 数据帧。

② 遥控帧。

③ 错误帧。

④ 过载帧。

⑤ 间隔帧。

另外，数据帧和遥控帧均有标准格式和扩展格式两种格式。标准格式有 11 位标识符（ID），扩展格式有 29 位标识符。

5 种帧的种类及用途如表 10-1 所示。

表 10-1　5 种帧的种类及用途

帧	用　途
数据帧	用于发送单元向接收单元传送数据的帧
遥控帧	用于接收单元向具有相同标识符的发送单元请求数据的帧
错误帧	用于当检测出错误时向其他单元通知错误的帧
过载帧	用于接收单元通知其尚未做好接收准备的帧
间隔帧	用于将数据帧及遥控帧与前面的帧分离开来的帧

1. 数据帧

数据帧的构成如图 10-5 所示。

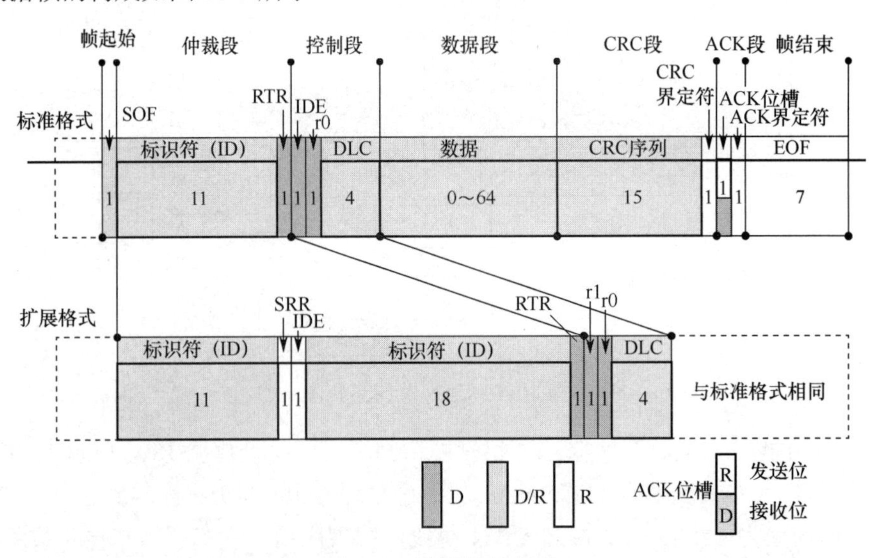

图 10-5　数据帧的构成

图 10-5 中的 D 表示显性电平，R 表示隐性电平（下同）。

① 帧起始：标准帧和扩展帧都是由 1 位显性电平表示帧起始的。

CAN 总线的同步规则规定，只有当总线处于空闲状态（总线电平呈隐性状态）时，才允许站点发送信号。

② 仲裁段：表示帧优先级的段，标准帧和扩展帧格式在本段有所区别。

标准帧中的仲裁段由 11 位标识符和 RTR（远程发送请求）位构成；扩展帧的仲裁段由 29 位的标识符、SRR（替代远程请求）位、IDE 位和 RTR 位构成。

RTR 位用于指示帧类型，数据帧的 RTR 为显性电平，而遥控帧的 RTR 位为隐性电平。

SSR 位只存在于扩展帧中，与标准帧中的 RTR 位对齐，为隐性电平。因此当 CAN 总线对标准帧和扩展帧进行优先级仲裁时，在两者的部分标识符完全相同的情况下，扩展帧相对标准帧而言处于失利状态。

③ 控制段：控制段是表示数据的字节数和保留位的段，标准帧与扩展帧的控制段格式不同。

标准帧的控制段由 IDE 位、保留位 r0 和 4 位数据长度码 DLC 构成。

扩展帧的控制段由保留位 r1、r0 和 4 位的数据长度码 DLC 构成。IDE 位用于指示数据帧为标准帧还是扩展帧，标准帧的 IDE 位为显性电平。

④ 数据段：用于承载数据的内容，它可以包含 0～8 字节的数据，从 MSB（最高有效位）输出。

⑤ CRC 段：用于检查帧传输是否错误的段。

⑥ ACK 段：用于确认接收是否正常的段，它由 ACK 位槽和 ACK 界定符构成，长度为 2 位。

⑦ 帧结束：用于表示数据帧的结束，它由 7 个隐性位构成。

2. 遥控帧

遥控帧的构成如图 10-6 所示。

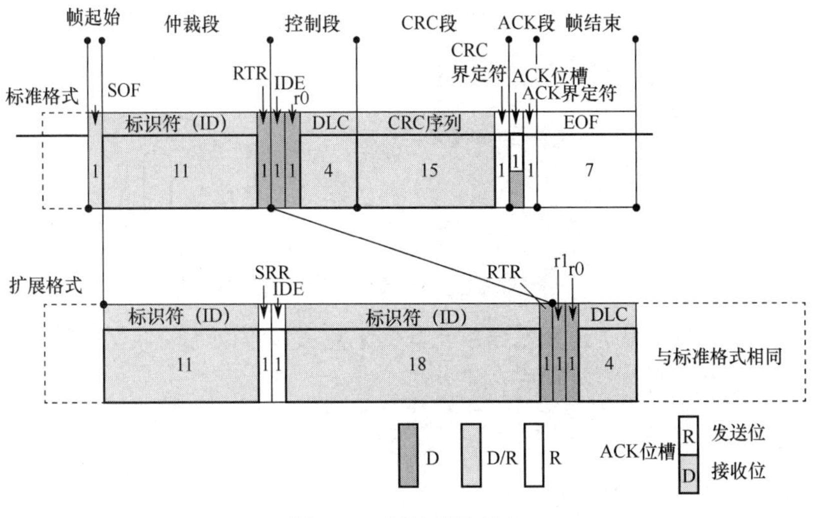

图 10-6　遥控帧的构成

从图 10-6 可以看出，遥控帧与数据帧相比，除了没有数据段，其他段的构成与数据帧完全相同。如前面所述，RTR 位的极性指明了该帧是数据帧还是遥控帧，遥控帧中的 RTR 位为隐性电平。

3. 错误帧

错误帧的构成如图 10-7 所示。

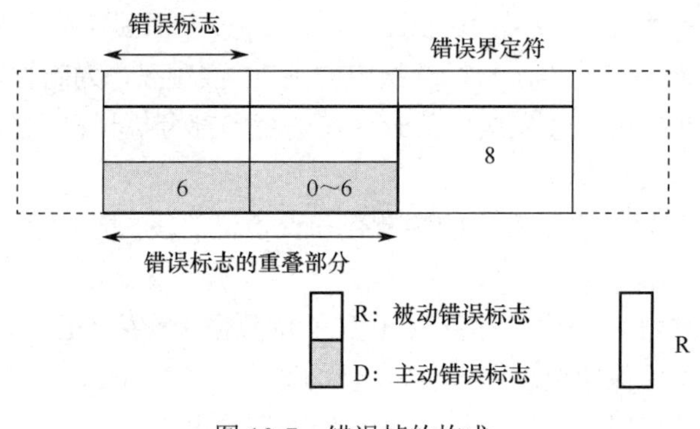

图 10-7　错误帧的构成

从图 10-7 可以看出，错误帧由错误标志和错误界定符构成。错误标志包括主动错误标志和被动错误标志，前者由 6 个显性位构成，后者由 6 个隐性位构成。错误界定符由 8 个隐性位构成。

4. 过载帧

过载帧的构成如图 10-8 所示。

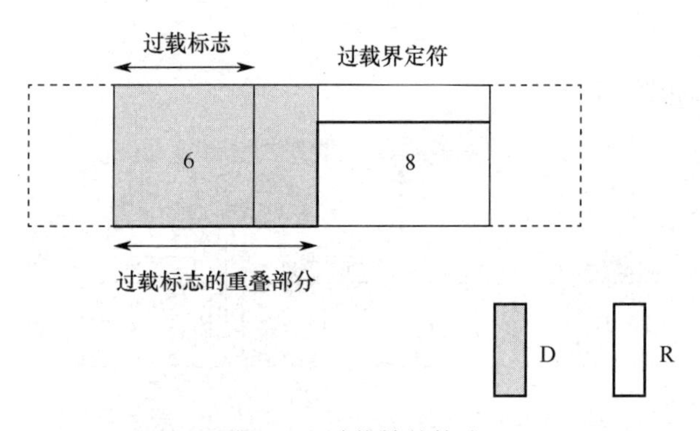

图 10-8　过载帧的构成

过载帧是接收单元用于通知发送单元其尚未完成接收准备的帧，从图 10-8 看出，过载帧由过载标志和过载界定符构成。

5. 帧间隔

帧间隔的构成如图 10-9 所示。

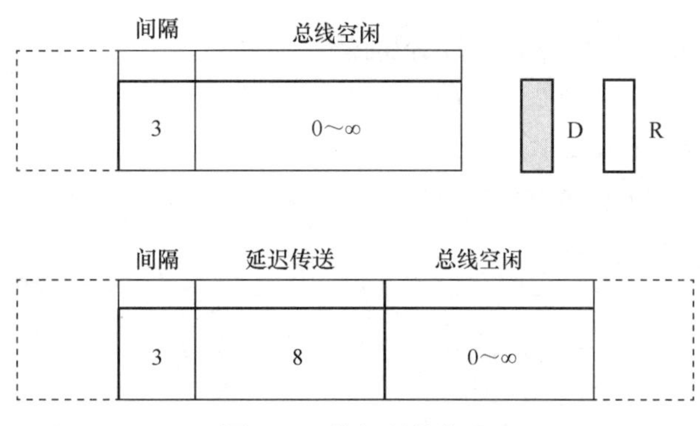

图 10-9　帧间隔的构成

帧间隔的构成主要由以下三部分构成。

① 间隔：由 3 个隐性位构成。

② 延迟传送：由 8 个隐性位构成。

③ 总线空闲：由隐性电平构成，且无长度限制。

6. CAN 优先级仲裁

CAN 总线上可以挂载多个 CAN 控制器单元，每个单元都可以作为主设备进行数据的发送与接收。当 CAN 技术规范规定在总线空闲时，仅有一个单元可以占用总线并发送数据。但若多个单元同时准备发送数据，则检测信道为空闲后，在同一时刻将数据发送出去，这就产生了发送冲突。

为了解决上述数据发送冲突的问题，CAN 技术规范提出了优先级的概念。数据帧与遥控帧中的仲裁段标明了帧的优先级。在多个单元同时发送数据时，高优先级的帧先发送，低优先级的帧则等待 CAN 总线再次空闲后才发送。

CAN 技术规范规定：显性电平（逻辑 0）的优先级高于隐性电平（逻辑 1）的优先级。CAN 通信的帧优先级是根据仲裁段的信号物理特性来判定的。在多个单元同时发送数据时，CAN 总线对通信帧进行冲裁，从仲裁段的第一位开始，连续输出显性电平最多的单元可以继续发送。若某个单元仲裁失利，则从下一位开始转为接收状态。

7. 位时序

CAN 通信属于异步通信，收发单元之间没有同步信号，发送单元与接收单元之间无法做到完全同步，即收发单元存在时钟频率误差，传输路径（电缆、驱动器等）上的相位延迟也会引起同步误差，因此接收单元必须采取相应的措施调整接收时序，以确保接收数据的准确性。

CAN 总线上的收发单元使用约定好的波特率进行通信，为了实现收发单元之间的同步，CAN 技术规范把每个数据位均分解成 4 段，如图 10-10 所示。这些段又由可称为时间量子（Time Quantum，以下简称为 Tq）的最小时间单位构成。1 位分为 4 个段，每个段又由若干个 Tq 构成，称为位时序。1 位由多少个 Tq 构成、每个段又由多少个 Tq 构成等，这些均可以任意设定。通过设定位时序，多个单元可同时采样，也可任意设定采样点。

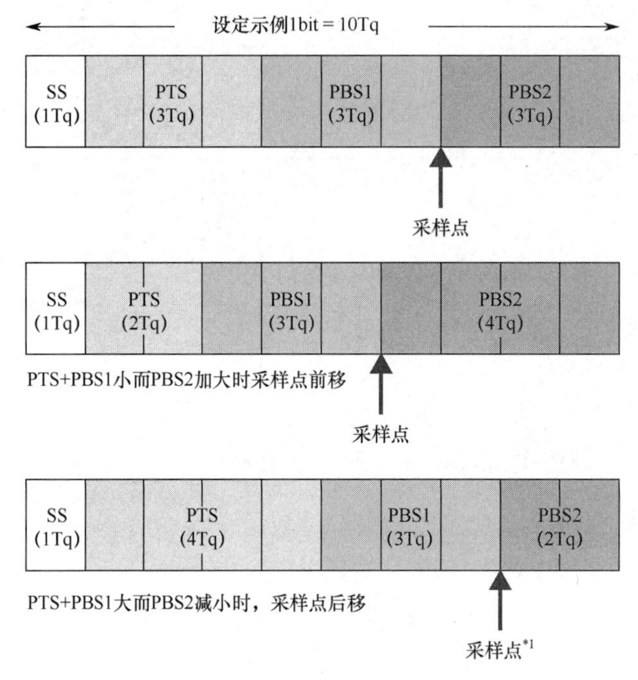

图 10-10　数据位被分解成 4 段

① 同步段（SS）。用于收发单元之间的时序同步。若接收单元检测到总线上的信号跳变沿包含在 SS 段内，则表示接收单元当前的时序与 CAN 总线是同步的。SS 段的长度固定为 1Tq。

② 传播时间段（PTS）。用于吸收网络上的物理延迟，即发送单元的输出延迟、信号传播延迟及接收单元的输入延迟等。PTS 段的时间长度为上述延迟时间之和的两倍以上，一般为 1～8Tq。

③ 相位缓冲段 1（PBS1）。与 PBS2 段一起用于补偿收发单元由于时钟不同步引起的误差，通过改变 PBS1 段的时间来吸收误差。PBS1 段的长度一般为 1～8Tq。

④ 相位缓冲段 2（PBS2）。与 PBS1 段一起用于补偿收发单元由于时钟不同步引起的误差，通过改变 PBS2 段的时间来吸收误差。PBS2 段的长度一般为 2～8Tq。

上述介绍中提到了通过改变 PBS1/2 段补偿收发单元之间的传输误差，而 CAN 技术规范规定了误差补偿的最大值，将其称为再同步补偿宽度 SJW，SJW 的时间长度范围是 1～4Tq。在实际应用中，调整 PBS1 段和 PBS2 段的时间长度均不可超过 SJW。

另外，从图 10-10 中可以看出，数据位的采样点均位于 PBS1 段与 PBS2 段的交界处。PBS1 段与 PBS2 段的时间长度是可变的，因此采样点的位置也是可偏移的。当接收单元时序与总线时序同步后，即可确保在采样点上采集到的电平为该位的准确电平。

10.6　实验步骤

10.6.1　系统构成

本实验要求搭建一个基于 CAN 总线的生产环境监测系统，系统构成如下。

- CAN 节点 3 个：1 个 CAN 网关节点（主设备），2 个 CAN 终端节点（从设备）。
- 温湿度传感器，2 个。
- 火焰传感器，1 个。
- CAN 调试器，1 个。
- 计算机，1 台。

其中，火焰传感器在上面章节已经介绍过，这里不再赘述。

温湿度传感器如图 10-11 所示，温湿度传感器在开发板上的示意图如图 10-12 所示。

本系统采用的代码是“单片机应用开发资源包\实验工程（代码）（见二维码）”。

图 10-11　温湿度传感器

图 10-12　温湿度传感器在开发板上的示意图

10.6.2 系统连线

在系统拓扑连线时，每个模块的 CAN_H 互相连接、CAN_L 互相连接。

本项目中，有一个主设备（网关节点），两个从设备（终端节点），各模块上分别搭载了传感器。通过 USB_CAN 调试器连接到计算机端。

按照上述要求安装好传感器，连好线，即完成了系统硬件的连接。

10.7 拓展提高

在高速 CAN 总线网络中（遵循 ISO11898 标准），该网络是闭环网络，总线两端要求各有一个 120Ω 的电阻，请问这个电阻的作用是什么？